한국의 샘물

글·사진/민병준

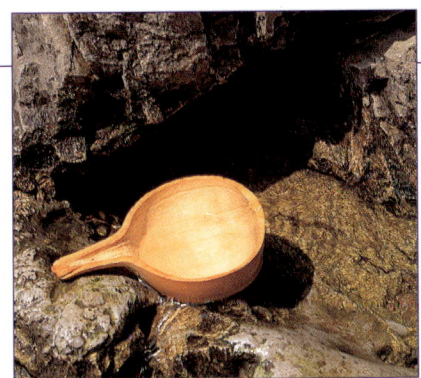

대원사

민병준 ────────

충남대학교 국어국문학과를 졸업하고
월간 『사람과 山』 편집장을 지냈다.
1996년 한국잡지탄생 100주년 기념
제30회 한국잡지언론상 기자부문을
수상했으며, 1997년에는 파키스탄 편
잡히말라야의 낭가파르밧(8,125미터)
을 등반하기도 했다.
현재는 『주간조선』 등 주간지와 월간
지, 사보 등에서 나라의 산천과 문화
유적, 그리고 여행과 관련된 기사를
기획·집필하는 칼럼니스트로 활동하
고 있다. 저서로는 『한국의 약수』(대
원사)와 등반 보고서인 『아름다운 낭
가파르밧』이 있다.

한국의 샘물

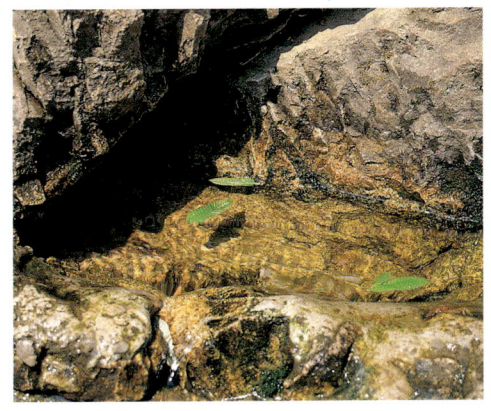

한국의 샘물

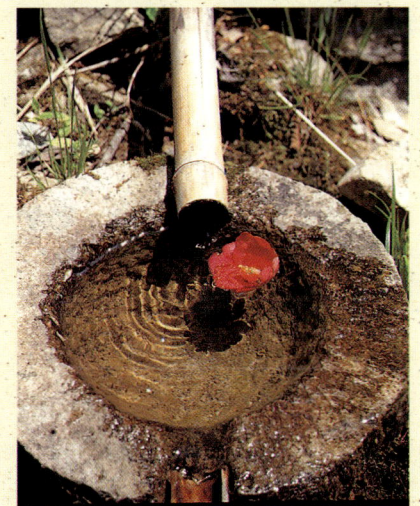

한국의 샘물

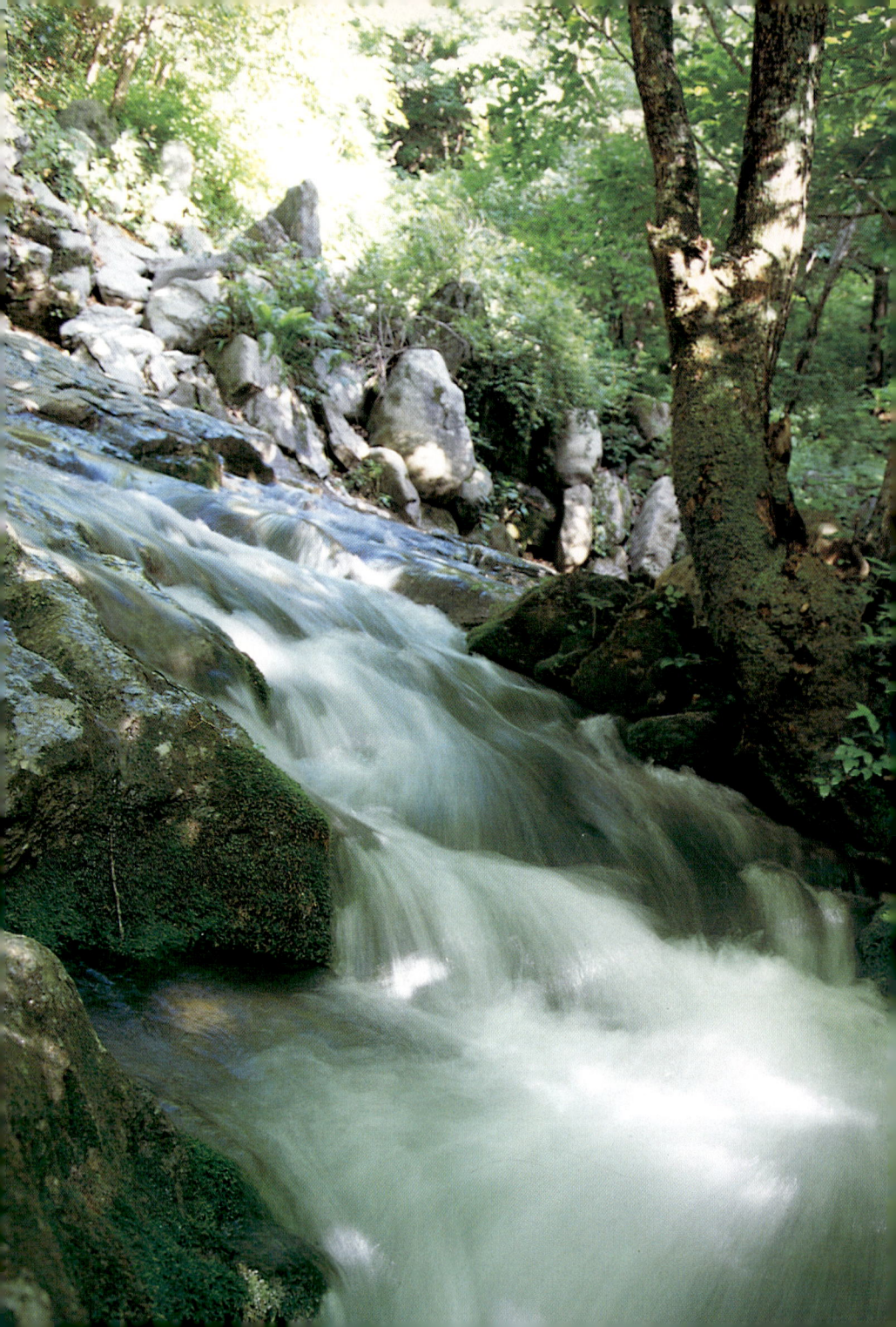

샘물은 생명의 근원이다

"지구는 푸른 빛이었다"

인류 최초로 우주 비행에 성공한 구 소련의 유리 가가린(Yury Alekseyevich Gagarin, 1934~1968)이 우주에서 지구를 보고 한 말이다. 가가린이 본 푸른 빛의 정체는 바로 물[水]이었다.

'지구는 물의 행성'이라고 말할 정도로 물은 지구에서 가장 풍부한 자원이다. 지구에 있는 수자원의 양은 13억 5700만 입방킬로미터(km^3)로 추정된다. 이 가운데 97퍼센트인 13억 2000만 입방킬로미터는 바닷물에, 2퍼센트인 2920입방킬로미터는 만년 빙하에 속해 있고, 나머지 1퍼센트만이 하천, 염수호, 담수호 등의 지표수와 지하수, 그리고 대기층에 있다. 그리고 담수 가운데 69퍼센트는 빙하, 30퍼센트는 지하수이고, 나머지 1퍼센트만이 인간이 사용할 수 있는 지표수이다. 이 1퍼센트의 지표수 가운데 21퍼센트는 아시아에, 26퍼센트는 북미에, 28퍼센트는 아프리카에 있고 나머지는 다른 대륙에 있다.

하지만 요즘은 아프리카나 중동의 여러 나라에서 물이 부족한 상황이고, 물 때문에 나라간에 갈등을 빚는 일도 잦아졌다. 물이 가장 풍부한 나라인 캐나다조차 다량의 물 수출을 법으로 금지하고 있어, 물이 무기가 될 수도 있음을 인식시키고 있다. 만약 제3차 세계대전이 일어난다면 그건 이념도, 민족도, 종교도 아닌, 바로 물 때문일 것이라는 전문가들의 견해를 귓등으로 들어서는 안 될 것이다.

태백산 검룡소의 외폭(옆면)

우리나라의 물 사정

 '삼천리 금수강산'이라 자랑하는 우리나라의 물 사정은 어떤가. 우리나라 연평균 강수량은 1274밀리미터로 세계 평균 강수량인 973밀리미터보다 조금 많다. 그래서 우리나라는 물이 넉넉한 편이라고 생각하기 쉽지만 실상은 그렇지 않다. 인구 1인당 강수량은 2900톤으로 세계 평균 강수량인 2만 6800톤의 11퍼센트에 불과하고, 인구 1인당 유효 강수량은 사막 국가인 이스라엘과 비슷하다. 우리나라는 이미 국제적으로 리비아, 이집트 등 8개 국과 함께 '물이 부족한 나라'에 속해 있는 심각한 상황이다.

 인구 증가와 도시의 급속한 팽창으로 국토의 핏줄이라 할 수 있는 지하수의 수위가 낮아지거나 오염되는 것도 큰 문제이다. 지하수의 무분별한 개발로 서울을 비롯한 대도시의 지하수위가 10미터 이상 낮아졌고, 특히 제주도는 최근 지하수 층에 바닷물이 스며들어 동부 지역은 해안에서 6킬로미터 이내에 속한 지역에서는 지하수를 마실 수 없게 될 상황에 처했다고 한다.

 또 서울 시내 지하수의 95퍼센트가 오염되었다는 충격적인 보고도 나와 있다. 서울뿐만이 아니고 대부분의 대도시도 사정은 이와 비슷하다. 수돗물을 믿지 못하여 천연의 샘물을 찾지만, 대도시 부근의 샘물 또한 대부분 오염되어 음용수(飮用水)로 부적당한 상황이 되었다. 땅과 공기가 오염되었기 때문이다.

샘물의 개념

 샘은 땅에서 물이 나오는 자리를 일컫는 말이다. 우리나라에서는 지방에 따라 새암, 시암, 샴, 샘터 등으로 불린다. 중부 이북 지방에서는 집 안에 있거나 물이 깊어서 두레박으로 긷는 것을 우물이라 하고, 앉아서 뜨는 것을 샘이라 하지만, 남부 지방에서는 가리지 않고 흔히 샘이라고 한다. 한자로는 정(井), 천(泉) 등으로 쓴다.

샘은 물을 뜨는 방법에 따라 쪽샘, 두레샘으로 나뉜다. 쪽샘은 표주박이나 쪽박 또는 바가지 등으로 퍼내는 얕은 샘으로 박우물이라고도 한다. 옹달샘을 비롯한 대부분의 샘물이 쪽샘에 속한다.

두레샘은 두레박이 달린 두렛대를 설치한 샘이다. 두렛대 한쪽에 적당한 크기의 돌을 달고 사람이 줄을 잡아당겨서 두레박을 물 속에 넣은 다음, 손을 놓으면 돌의 무게 때문에 두레박이 자연스레 올라오게 되어 있다. 두레샘은 4세기경의 고구려 벽화에도 나타나며, 중국 동북지방과 시베리아 지방에서도 널리 이용되었다.

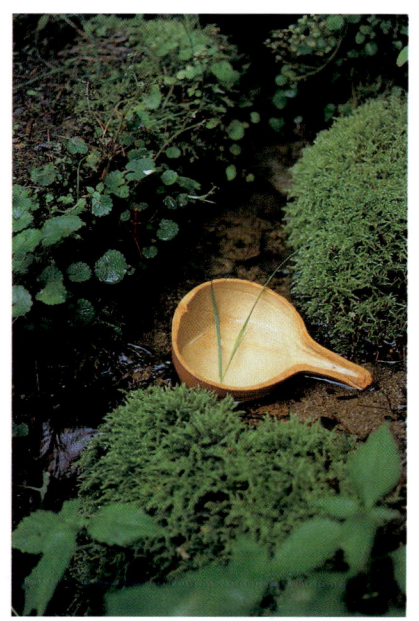

인제 백암약수

샘은 물이 나오는 상태에 따라 바위 틈에서 솟는 부출천(髥出泉, 석간수), 오목하게 패인 땅에서 솟아나와 못처럼 고이는 지상천(池狀泉), 지하수가 땅 위 여기저기에 솟아 습지 모양을 이룬 습지천(濕地泉) 등이 있다. 그리고 샘물이 나오는 곳을 샘터 혹은 약수터라 부르고 있다.

이 책에서는 '순수한 샘물'만 다루었다. 이 책에서 소개한 어떤 샘물에 '약수'라는 이름이 붙어 있어도, 그건 가스나 고형 물질을 함유한 광천수로서의 약수가 아니라 순수한 샘물로서의 약수인 것이다. 광천수로서의 약수는 1997년 발간한 『한국의 약수』에서 이미 소개했다.

물맛의 우열을 가렸던 선조들

샘물이라 해서 다 먹기에 좋은 물은 아니다. 좋은 물은 우선 수온이 1년 내내 변함이 없고 냄새가 나지 않아야 한다. 완벽한 물이라면 인체에 해로운 균이나 유독 성분이 없어야 함은 물론이다.

우리 선조들은 품천(品泉)이라 해서 물맛의 우열을 따졌으며, 물 한 모금 마시는 것도 함부로 하지 않고 까다롭게 따졌다. 역사적으로 품천의 대가는 여말선초(麗末鮮初)의 선비 이행(李行, 1352~1432)을 꼽는다. 그는 나라 안에서 충주 달천(達川)의 물을 조선 제일의 물맛으로 꼽았다. 그리고 금강산에서 한강으로 흐르는 우중수(牛重水)를 두 번째, 속리산에서 흐르는 삼타수(三陀水)를 세 번째 물맛이라 평했다.

한편 다성(茶聖)으로 추앙받는 조선 후기의 승려 초의선사는 물이 가져야 할 덕목을 여덟 가지로 꼽았다. 그는 좋은 물은 '가볍고, 맑고, 차고, 부드럽고, 아름답고, 냄새가 없고, 비위에 맞고, 탈이 없어야 한다'고 강조했다. 또 급히 흐르는 물과 고여 있는 물은 좋지 않고, 맛도 냄새도 없어야 참으로 좋은 물이라 했다. 이는 차를 끓일 때 물을 매우 중요하게 여긴 전통에 따라서 구분한 것이겠지만, 과학이 발달한 요즘도 초의선사가 강조한 물의 여덟 가지 덕목은 여전히 유효하다.

또 조선시대 의성 허준(許浚, 1546~1615)은 『동의보감(東醫寶鑑)』「논수품(論水品)」에서 물의 종류를 33종으로 나누어 물의 성질과 용도 등을 자세하게 설명하고 있다. 이는 환자의 치료에도 이용되었음을 어렵지 않게 알 수 있다. 이 분류는 『한국의 약수』 앞머리에 자세히 실려 있다.

강원도

영월 선령약수 | 영월군 중동면 녹전리

영험한 기운 넘치는 깊은 산골의 신령수

영월에서 태백으로 넘어가는 31번 국도. 수라리재를 넘어 중동면 소재지에 이르기 바로 전 도로 옆에 신령스러운 기운이 넘쳐 나는 샘물이 있다. 산 높고 골 깊은 영월에서도 선령약수터가 있는 곳은 하늘이 한 뼘밖에 안 보이고, 앞산과 뒷산에 빨랫줄을 걸어 놓을 수 있을 만큼 깊은 산골이다. 삼복 더위에도 반소매 옷을 입을 수 없을 정도로 서늘하다. 이런 데서 나는 샘물이니 맑고 깨끗하기로야 두말하면 잔소리지만 물도 얼음처럼 차다. 또 약수터에는 아름드리 나무 한 그루가 있어 한여름 이곳을 찾는 이들에게 시원한 그늘을 제공한다. 물맛과 샘 주위의 풍광이 이렇듯 완벽하게 조화를 이룬 곳은 그리 흔치 않다.

이런 샘물이니 전설이 없을 수 없다.

옛날 이 마을에 마음 착한 노부부가 살았다고 한다. 이 부부는 늙도록 자식이 없어 걱정이었는데 어느 날 운 좋게 아이를 주웠다. 그러나 안타깝게도 아이는 나병환자였다. 노부부는 하늘이 주신 자식이라 생각하고 집으로 데려오다가 선령약수를 지나게 되었다. 샘 가에서 아이에게 물도 먹이고 목욕도 시킨 후 집에 당도해 보니 아이의 병이 모두 나아 있었다고 한다.

이 전설에는 욕심 없이 순박하게 살아가는 산골 사람들의 착한 마음이 그대로 담겨 있다. 전설에도 나와 있듯이 선령약수는 피부병과 위장병에 효험이 있다고 전한다.

선령약수는 원래 좁은 국도에 붙어 있었다. 그러나 샘물을 뜨러 오는 사

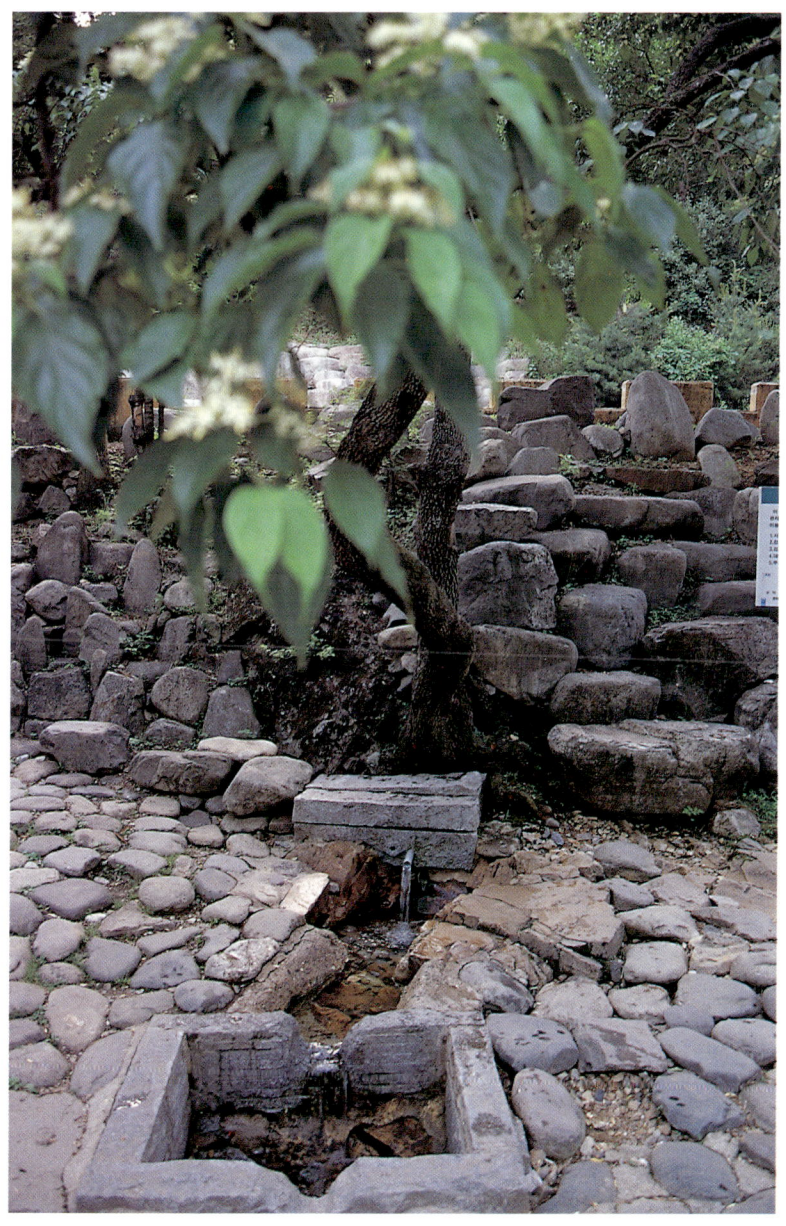

선령약수 약수터에 서 있는 아름드리 나무가 아름다운 경치를 이루고 있다.

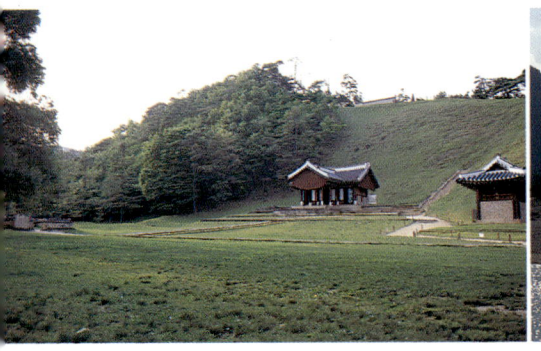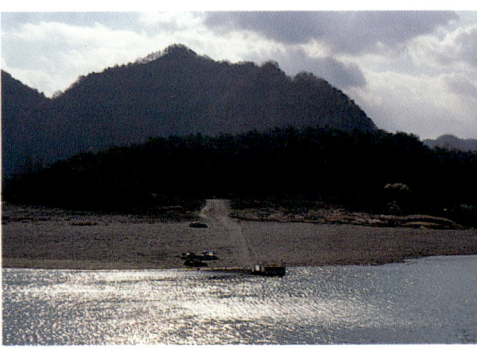

장릉 제사를 지낼 때 쓰이던 영천이 있다.(왼쪽)
영월 청령포 단종의 애환이 서려 있는 곳이기도 하다.(오른쪽)

람들이 많아지면서 사고 위험이 높아지자 도로를 넓힐 때 물줄기를 길 아래로 끌어내렸다. 지금은 수십 대의 차를 세울 수 있는 공간도 마련되어 있어 마음놓고 맑은 공기와 샘물을 즐길 수 있다.

영월에는 선령약수 외에도 영월 사람들의 정신을 지배해 온 단종의 무덤인 장릉의 영천(靈泉)과 읍내 덕포리 31번 국도변에 있는 약물내기가 있다. 영천은 단종에게 제사지낼 때 쓰는 우물인데, 평소에는 조금씩 솟다가 제사를 지내는 한식 무렵이 되면 그 양이 눈에 띄게 늘어났다고 한다. 하지만 최근에는 수맥이 바뀐 탓인지 물이 나지 않아 제사 때 다른 샘물을 쓰고 있다. 약물내기는 기찻길과 국도 사이에 있고 물의 질을 결정하는 주변 산세도 약하지만 읍내에서 가깝고 접근이 쉬운 까닭인지 많은 영월군민들이 이용하고 있다.

| 찾아가는 길 |

영월 읍내에서 31번 국도를 따라 동쪽으로 향한다. 동강교를 건너 2.5킬로미터쯤 가면 오른쪽에 약물내기 약수터가 있고 여기에서 다시 15킬로미터쯤 가면 38번 국도와 갈리는 석항삼거리이다. 31번 국도를 따라 우회전해 태백 방향으로 10킬로미터쯤 가면 왼쪽으로 선령약수터가 나온다.

인제 백암약수 | 인제군 기린면 현리

천연의 아름다움 간직한 비밀스런 샘물

설악산을 끼고 있는 강원도 인제는 백두대간의 강인한 기운이 철철 넘쳐
나는 고을이다. 인제의 젖줄인 내린천은 전국의 많은 강들이 오염된 요즈음
에도 맑은 물이 흘러 사람들의 사랑을 받고 있다. 그래서 인제 내린천으로
흘러드는 지류는 딱히 무슨 약수라 부르지 않아도 모두 약수에 버금가는 맑
은 물인 것이다.

기린면 현리의 냉장터골에 있는 백암약수는 내린천으로 흘러드는 맑은 지
류를 만드는 샘물로서 손색이 없다. 백암봉 아래에 있다고 해서 백암약수라
부르지만, 차가운 샘물이라 하여 냉정(冷井)이라고도 한다. 인근에서는 '냉
장터'로 더 알려져 있다. 몇십 년 전만 해도 인제뿐 아니라 양구나 화천같
이 좋은 물이 나는 지방에서도 백암약수를 마시러 왔다고 한다.

백암약수를 찾아 오르는 오솔길은 자연의 아름다움을 그대로 간직하고 있
는 길찬 숲이다. 초여름이면 붓꽃을 비롯한 여러 종류의 꽃들이 여기저기
피어 있고 산새들은 쉼없이 지저귄다. 샘물을 마시기도 전에 몸과 마음에
찌든 도시의 때가 모두 씻겨 나가는 듯하다.

샘터에 이르면 짙은 녹색의 향연이 한창인 숲 속 다래나무 발치에 철철
넘쳐 흐르는 샘물이 신선하기 그지없다. 샘은 푸른 이끼로 덮여 있으며 물
맛 또한 다른 데서는 쉽게 접할 수 없을 만큼 차고 맑아 감탄이 절로 나온
다. 인제에 약국이나 병원이 없던 시절 마을 사람들이 피부병에 걸리면 으
레 이 샘물을 찾았다는 말이 절대 과장이 아님을 알 수 있다.

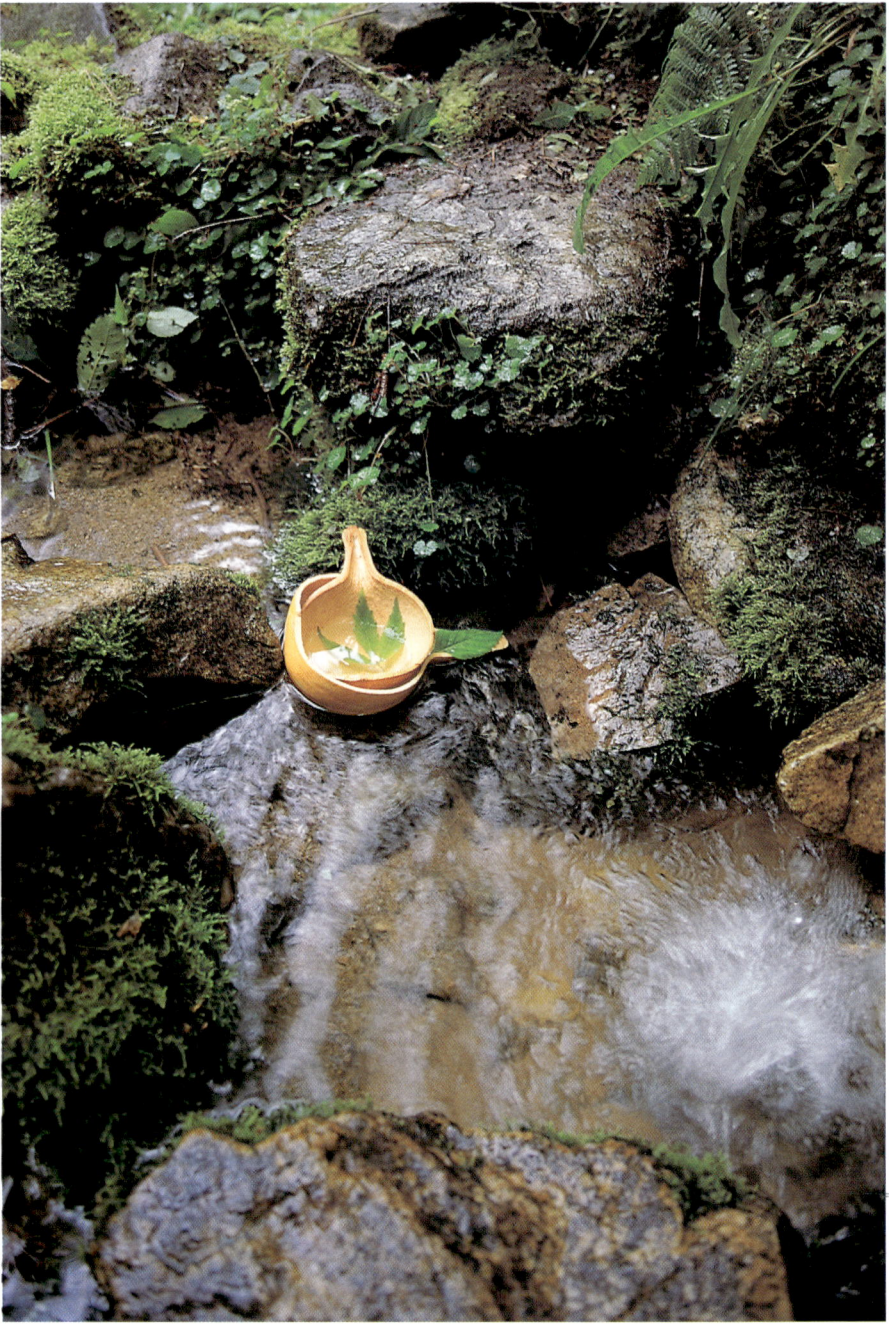

요즘은 주민들 대부분이 지하수를 끌어다 쓰기 때문에 예전에 비해 사람들의 발길이 잦은 편은 아니다. 그러나 샘으로 오르는 길은 잘 가꾸어져 있고, 약수터 주변에는 간단한 운동 기구도 비치해 놓아 세심한 배려를 느낄 수 있다.

| 찾아가는 길 |

인제읍내에서 합강교를 건너 31번 국도를 따라 29킬로미터쯤 가면 현리이다. 이곳에서 국도를 따라 방대교를 건너 2킬로미터쯤 더 가면 왼쪽으로 '냉장터 쉼터'라는 간판을 단 집이 한 채 나온다. 특별히 주차할 곳이 없으므로 이 집 앞마당에 차를 세우고 계곡을 따라 450미터쯤 오르면 샘터가 보인다.

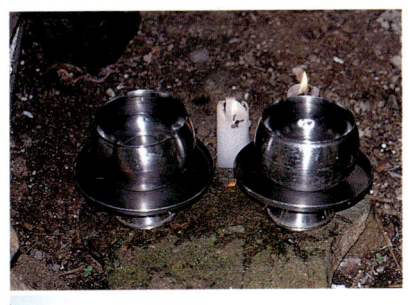

백암약수 푸른 이끼에 덮여 있는 맑은 샘물이 신선하기 그지없다.(옆면)
백암약수 치성터 샘물을 떠 놓고 치성 드린 흔적이 남아 있다.(위)
내린천 아직도 오염이 덜 된 강으로 사랑받고 있다.(아래)

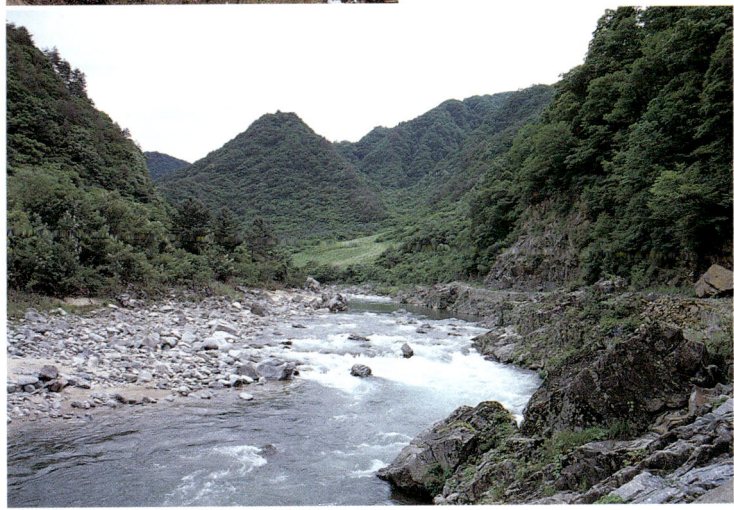

철원 삼부연약수 | 철원군 갈말읍 신철원리

겸재와 꺽정이 삼부연폭포 보며 마시던 샘물

한탄강과 임꺽정으로 유명한 철원 땅, 이곳에 있는 삼부연폭포는 한북정
맥 깊은 산자락에서 흘러내리는 계류가 빚은 삼단 폭포이다. '삼부연'은 물
이 떨어지는 3개의 소가 모두 가마솥처럼 움푹 패여 있어 붙은 이름이다.

한북정맥 지맥의 약사령을 넘어 갈말읍으로 가다가 만나는 삼부연폭포는
감동 그 자체이다. 석굴을 지나자마자 오른쪽으로 협곡 속에 버티고 선 삼
부연폭포가 나타나는데, 시원하게 쏟아지는 폭포수가 마치 병풍의 그림 같
다. 삼부연폭포 옆에 있는 오룡굴은 승천하는 용의 기세를 닮은 삼부연폭포
와 절묘하게 어울리는 이름이다. 이 굴은 1973년에 군인들이 뚫은 것으로
비록 인공이기는 하지만 전국에서 몇 개 안 되는 석굴 가운데 하나이다.

삼부연약수는 폭포가 한눈에 내려다보이는 부연사 대웅전 앞 바위 틈새에
서 졸졸졸 흐르는 석간수이다. 산목련 그늘 아래에서 약수를 마시고 장쾌하
게 쏟아지는 폭포를 바라보는 맛이 아주 일품이다. 물맛도 삼부연폭포의 절
경에 뒤지지 않는다.

삼부연폭포는 옛날 여행객들이 금강산 가는 길에 자주 들렀던 명승지. 겸
제 정선도 금강산 가는 길에 여기에서 삼부연폭포를 화폭에 담았으니 이 석
간수로 목을 축였을 것이다. 또 한탄강의 전설로 남아 있는 임꺽정도 부하
들과 함께 삼부연약수를 '터프하게' 들이켰을 것이다.

삼부연폭포 깊은 협곡에서 쏟아지는 폭포수가 마치 그림 같다.(옆면)

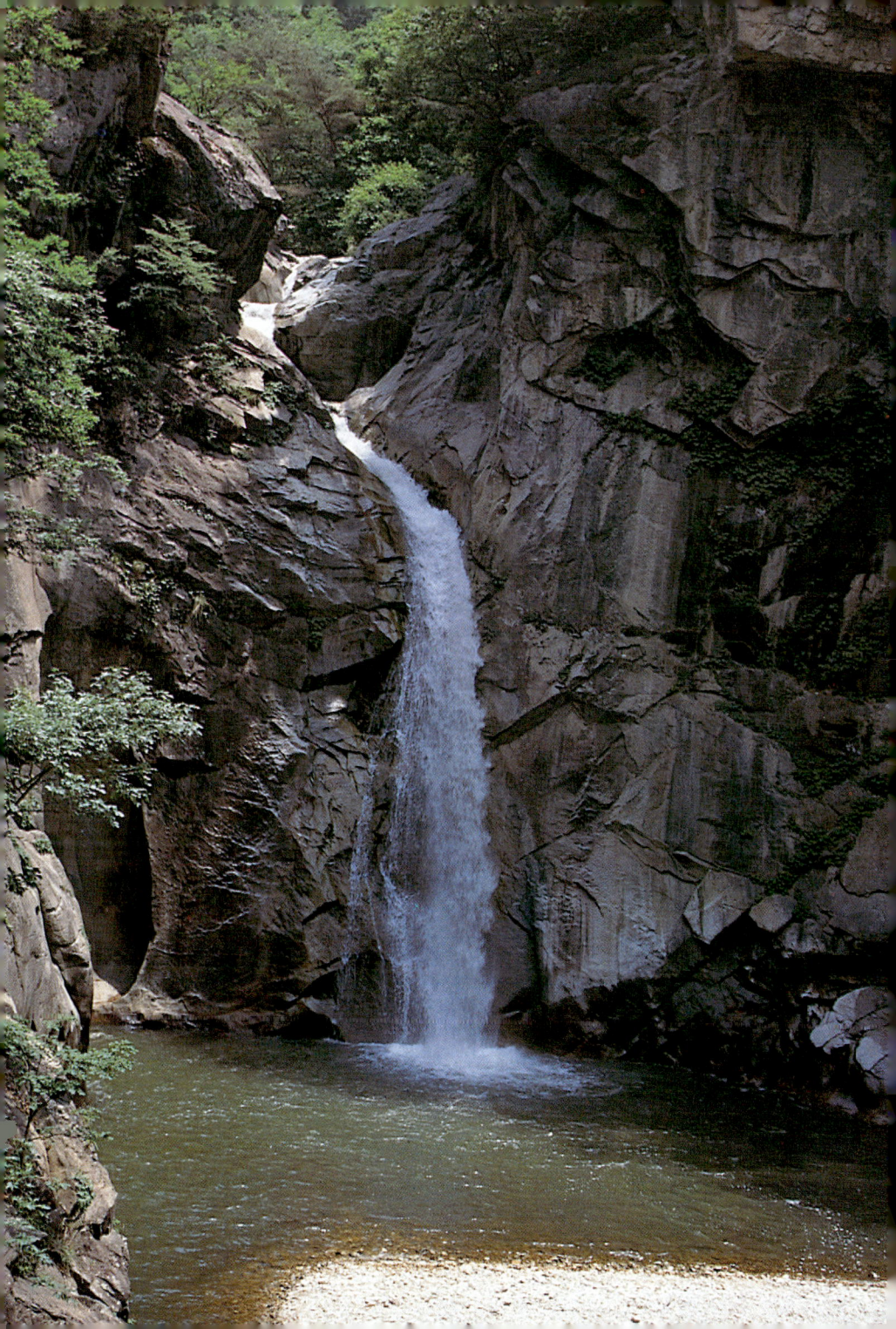

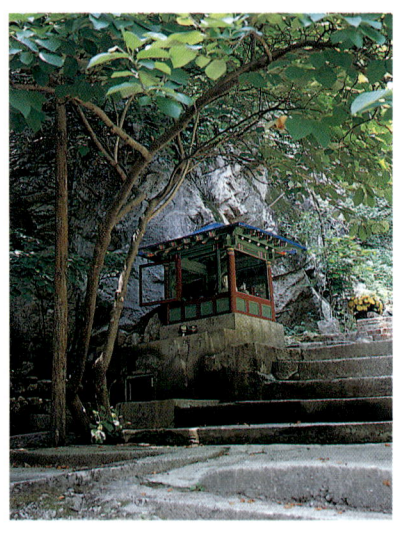

삼부연약수 바위 틈에서 흘러 나오는 석간수를 마시면서 삼부연폭포의 절경을 감상할 수 있다.

삼부연폭포수와 약수가 흘러드는 한탄강은 북한 땅 평강에서 발원해 철원, 연천을 거쳐 임진강으로 흘러들어 분단 조국의 남북을 이어 준다는 점에서 상징적인 의미가 크다. 한탄강은 평원 분지 한가운데를 지나면서 계곡이 좁고 깊게 팬 것이 특징이다. 30 내지 40미터의 깊이로 깎인 현무암 협곡은 수직 절벽을 이루고 곳곳에 기암괴석이 많아 그 모양이 마치 미국의 그랜드캐니언(Grand Canyon)을 연상케 한다.

한탄강과 함께 임꺽정의 전설과 맞물려 온 고석정은 철원8경의 하나로 한탄강 맑은 물에 아랫도리를 담그고 있는 10미터쯤의 거대한 바위이다. 이곳은 조선 명종 때 임꺽정이 무리를 모아 대적단을 조직해 조정으로 올라가는 공물을 빼앗던 근거지이기도 하다. 강 건너편 용암평원에는 임꺽정이 관군에 대항하기 위해 쌓았다는 고석정이 남아 있다.

| 찾아가는 길 |

갈말읍 신철원농업고등학교 앞 삼거리에서 포천으로 넘어가는 포장도로로 2킬로미터쯤 가면 왼쪽 협곡에 삼부연폭포가 보인다. 그 앞에 있는 부연사 경내에 삼부연약수가 있다.

태백 검룡소 | 태백시 창죽동

웅혼한 힘 넘치는 한강의 발원지

강은 반드시 발원지를 지니고 있다. 북한강과 더불어 한강의 한 축을 이루는 남한강의 발원지가 바로 백두대간 금대봉 자락의 태백 검룡소(儉龍沼)이다. 얼마 전까지만 해도 오대산 우통수가 남한강의 발원지로 알려져 있었으나, 지도에서 측정한 결과 오대산 우통수보다 검룡소에서 흐르는 하천의 길이가 32킬로미터 더 길다는 사실이 밝혀졌다.

검룡소에는 웅혼한 힘이 서려 있고, 신비스러운 분위기가 넘친다. 용이 솟구치듯 용출한다 하여 샘물의 이름 또한 검룡수이다. 웬만한 샘이라면 엄두도 못 낼 양인 하루 1 내지 2톤의 검룡수가 솟구쳐 514킬로미터를 흐르는 한강의 원천이 되는 것이다. 검룡수 맛 역시 이름처럼 맑고 그윽하며 신비스럽게 혀 끝을 감돈다. 검룡수의 수온은 사계절 내내 섭씨 9도 정도로 일정하다.

오랜 세월 흘러내린 물줄기 때문에 검룡소에는 깊이 1 내지 1.5미터, 넓이 1 내지 2미터의 석회암반이 푹 파였는데, 곧바로 20여 미터의 와폭(臥瀑)이 용틀임을 한다.

정확하게 따지면 검룡소는 남한강의 발원샘이 아니다. 더 위쪽에 있는 금대봉의 고목나무샘, 물구녕석간수, 제당굼샘 등에서 각각 지하로 1 내지 2킬로미터쯤 흘러 내려와 검룡소에서 솟구치는 것이다. 이 가운데 가장 위쪽에 있는 제당굼샘이 실제 남한강의 발원샘이 되지만, 검룡소는 남한강의 상징적인 발원지로서 손색이 없다.

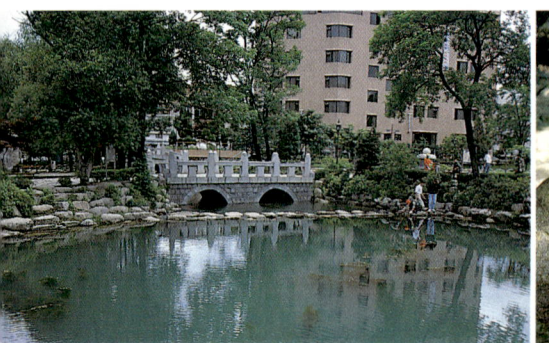 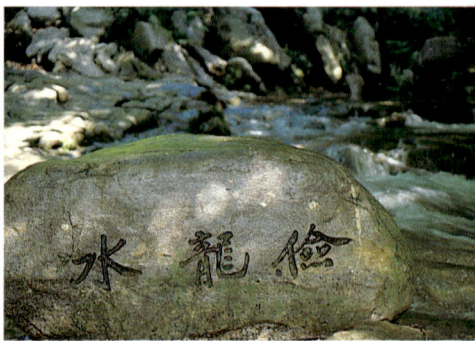

황지 태백에서 솟아난 이 물은 낙동강의 발원이다.(왼쪽)
검룡수 하루 1 내지 2톤의 용출량을 자랑하는 검룡수는 일년 내내 수온이 일정하다.(오른쪽)

    검룡소라는 이름에서 알 수 있듯 이곳에는 용과 관련된 전설이 남아 있다.

    옛날 황해에 살던 이무기가 용이 되기 위해 한강 상류를 향해 거슬러 오르기 시작했다. 이무기는 검룡소에 이르러 더 이상 올라갈 곳이 없음을 알고 이곳에서 용이 되는 수업을 쌓았다. 이때 이무기가 못으로 들어가기 위해 몸부림친 흔적이 검룡소에서 쏟아지는 폭포로 남았다고 한다. 검룡소에서 머물며 용이 되는 수업을 쌓던 이무기는 인근에서 풀을 뜯다가 물을 마시러 오는 소를 잡아먹곤 했다. 그러자 화가 난 마을 사람들이 검룡소를 메워 버렸고, 이무기는 결국 용이 되지 못했다는 전설이다.

    1986년 태백문화원은 원래의 자리를 찾아 묻혀 있던 검룡소를 복원했다. 태백시에서도 이후 검룡소 아래에 검룡정이라는 정자와 표지석을 세워 놓고 기념하고 있다. 또 매년 8월이면 검룡소에서 한강대제를 지내는데, 제례를 지낸 뒤 마을 사람과 관광객을 대상으로 검룡소의 물 먹기 대회도 연다.

    태백에는 남한강의 발원지인 검룡소 외에도 낙동강 발원의 상징인 황지가 있고, 동해로 빠지는 오십천 또한 이곳에서 발원하니 '강들의 고향'이라 해도 과언이 아닐 것이다.

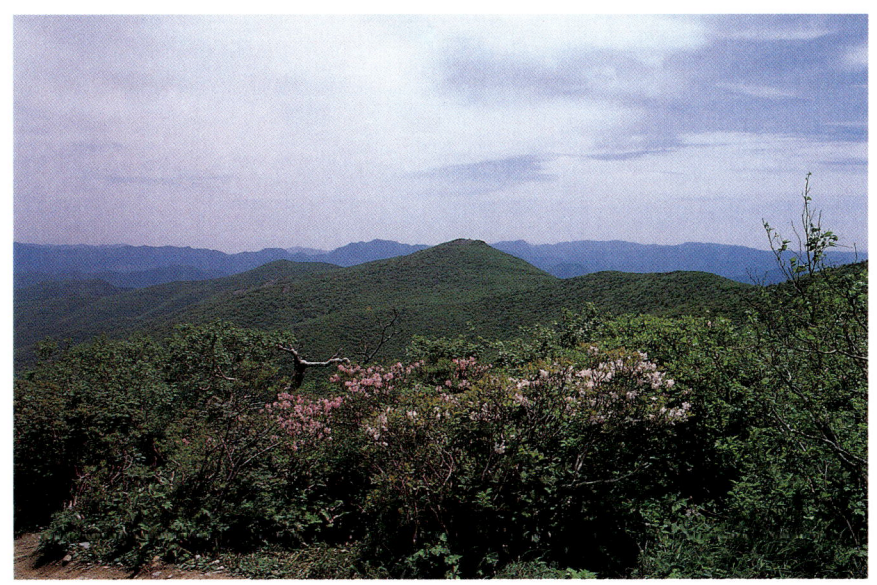

태백산 전경 개천절인 10월 3일에는 천제단에서 제사를 지낸다.

    태백이라는 이름의 유래가 된 태백산(太白山)은 '크게 밝은 뫼'라는 뜻으로 태백을 상징하는 산이다. 매년 1월이면 태백산 공원광장에서 눈 조각 경연대회 등 다양한 행사의 눈 축제와 등반대회가 열린다. 또 6월에는 철쭉제를, 단군이 하늘을 열었다는 개천절인 10월 3일에는 천제를 지내고 있으니 신령스러운 검룡소의 물을 마신 뒤 이런 행사에 참여하면 일거양득이 될 것이다.

| 찾아가는 길 |

태백시 황지동에서 35번 국도를 타고 강릉 방면으로 9킬로미터쯤 가다가 창죽동삼거리에서 안창죽마을 쪽으로 좌회전한다. 포장길을 따라 6킬로미터쯤 오르면 검룡소 주차장이 나온다. 이곳에서 널따란 비포장길을 따라 조금 걸어 오르면 잘 단장된 검룡소에 이른다.

태백산 용정수 | 태백시 소도동

하늘님에게 제사 드릴 때 쓰는 정결한 샘물

우리나라의 샘물 가운데는 '용(龍)' 자가 들어간 이름이 적지 않다. 민속신앙에서도 물은 생명, 풍요 등으로 섬겨지면서 독특한 종교적 기능을 발휘했다. 물의 생명력이나 풍요의 원리는 용신 또는 용왕이라는 이름으로 나타나기도 한다. 용신, 용왕은 풍요를 관장하고 있으므로 당연히 농경의 신으로 섬겨지기도 했다. 오늘날에도 농부들이 논두렁에서 '고수레' 라고 하면서 '용왕먹이기'를 하는 것은 물을 지키는 신에게 풍요를 빌기 위한 것이다.

2000년 역사의 천제단이 있는 태백산(1567미터). 『환단고기(桓檀古記)』에 보면 '5세 단군 구을(丘乙) 임술 원년에 태백산에 천제단을 축조하라 명하고 사자를 보내 제사를 지내게 하였다'는 기록이 나온다. 또 『삼국사기(三國史記)』에는 '일성왕 5년 10월에 왕이 친히 태백산에 올라 천제를 올렸다'고 기록했으며, 『동국여지승람(東國輿地勝覽)』에는 '태백산은 신라 때 북악으로, 중사(中祀)의 제사를 올리던 곳'이라고 전한다.

태백산 이마께 있는 망경사 옆에 용왕신이 임하는 용정(龍井)이 있다. 본래 용정은 석간수인데, 자물쇠로 채워 놓아 함부로 못하게 했고, 그 물줄기를 10미터쯤 끌어 일반인들이 목을 축일 수 있게 석조를 만들었다.

용정 앞에 세워진 표지판에는 다음과 같은 설명이 쓰여 있다.

"이 샘은 우리나라에서 가장 높은 태백산 해발 1470미터의 망경사 옆에 위치한 가장 높은 샘으로 신라시대부터 매년 시월 상달 태백산 천제단에서 천제 봉행시 천수로 사용하고 있다. 또한 이 샘은 가뭄이나 장마에도 일정

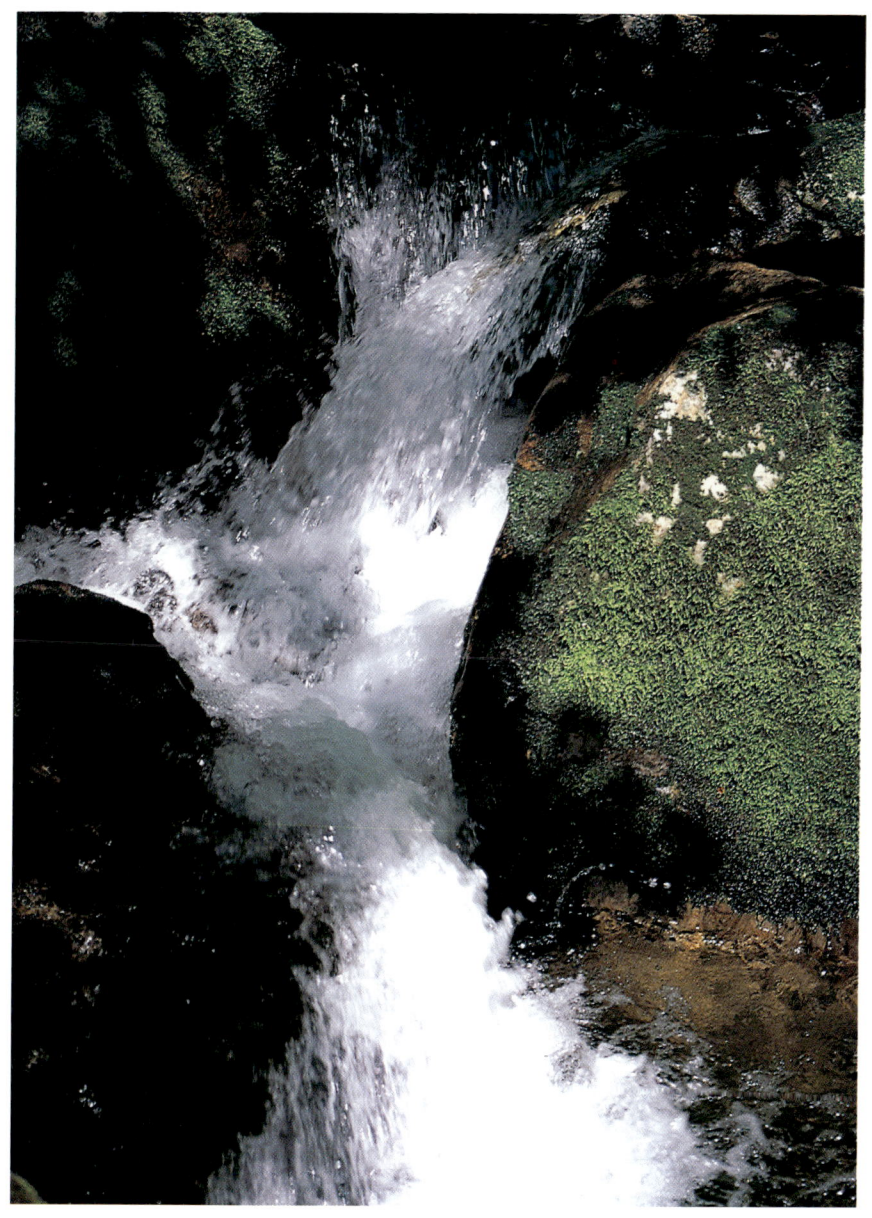

태백산의 계류 일급수에서만 볼 수 있는 열목어가 서식할 만큼 맑은 물을 자랑한다.

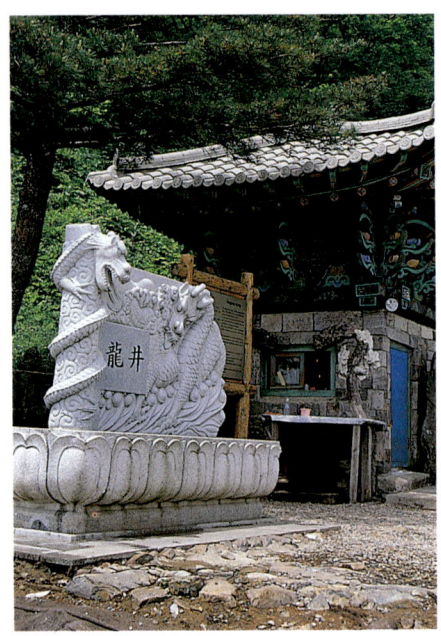

태백산 용정 신라시대부터 지금까지 제사에 쓰이는 유서 깊은 샘물이다.

하게 솟아오르고, 부정한 마음을 가진 자가 이 물을 마시면 물이 혼탁해진다고 한다. 물줄기는 지하의 용왕국과 통한다는 전설이 전한다. 시대는 미상이지만 샘에 용각을 짓고 용신에 제를 올려 예부터 용정이라 불리고 있으며 '한국의 명수 100선' 중 으뜸으로 선정된 곳이기도 하다."

수천 년 전부터 지금까지도 제사에 쓰이는 용정은 유서 깊은 샘물임은 맞지만 가장 높은 곳에서 솟는 샘은 아니다. 지리산 천왕봉(1915미터)만 해도 천왕샘이 있지 않은가. 어쨌든 원래의 용정은 맛좋은 석간수이지만, 일반인들이 마실 수 있게 해 놓은 용정은 다소 밋밋하고 별로 시원하지도 않다.

태백산은 용정 외에도 좋은 샘물을 많이 품고 있다. 예전 정씨들이 화전을 일구고 살던 곳이라 하여 '정가골'이라 불리는 골짜기 최상류에는 문수봉 기도객들이 길어다 쓰는 정가샘(문수봉샘터)이 있다. 또 맑은 계류가 흐르는 골짜기에는 일급수에서만 사는 열목어가 무리지어 서식하고 있으니 태백산의 물이 얼마나 깨끗한지 알 수 있다.

| 찾아가는 길 |

태백역 앞에서 31번 국도를 따라 7킬로미터쯤 가면 태백산도립공원 당골광장 갈림길에 이른다. 이곳에서 좌회전해 들어가면 바로 당골광장이다. 단군성전을 지나 망경사까지 오르는 데는 1시간 30분쯤 걸린다. 망경사에서 단종비각을 거쳐 천제단까지 10분이면 오를 수 있다.

오대산 우통수 | 평창군 진부면 동산리

한강을 빛내는 영롱한 한 줄기 샘물

조선시대 한양 사람들은 한강 물을 사 먹었는데 강물 한가운데로 흐르는 물을 '한중수(漢重水)'라 하여 다른 물보다 3배나 비싸게 쳤다고 한다. 이 물이 바로 『신증동국여지승람(新增東國輿地勝覽)』에도 실렸듯이 오대산 우통수(于筒水) 줄기를 말한 것이다.

우통수는 너와집으로 정갈하게 지은 오대산 수정암 사립문 앞에 있다. 하지만 관리가 제대로 안 되고 있어서인지 샘물은 돌을 깎아 만든 물고랑보다 두어 뼘은 더 내려가 있어 떠먹기도 수월치 않다. 예전에는 수정암에서도 이 우통수 물을 길어 먹었으나 물이 마르기 시작한 뒤부터는 암자 뒤 바위 틈에서 나오는 석간수를 쓰고 있다. 그 석간수 또한 무겁고 그윽하며 빛깔도 우통수 물과 비슷하다.

1999년 여름 우통수를 찾았을 때, 묵은 낙엽이 가득 내려앉은 샘물은 물방개와 도롱뇽의 천국이 되어 있었다. 하지만 명불허전(名不虛傳)이라 했던가. 그 물은 푸르스름한 신비로운 빛깔을 띠었고 맛도 매우 깊었다. 그러나 물이 아무리 무겁고 그윽하며 독특한 색을 지니고 있다 해도, 선조들은 어떻게 수백 리를 흘러 온 그 물이 한강 한가운데로 흐르는 것을 알아냈을까.

『신증동국여지승람』에 다음과 같은 구절이 나온다.

"오대산 서대 밑에 솟아나는 샘물이 있는데, 곧 한수의 근원이다. 권근의 기행문에 '서대의 밑에 솟아나는 샘물이 물 빛깔과 맛이 다른 물보다 훌륭하고 물을 삼가는 것도 또한 그러하니 우통수라 한다. 서쪽으로 수백 리를

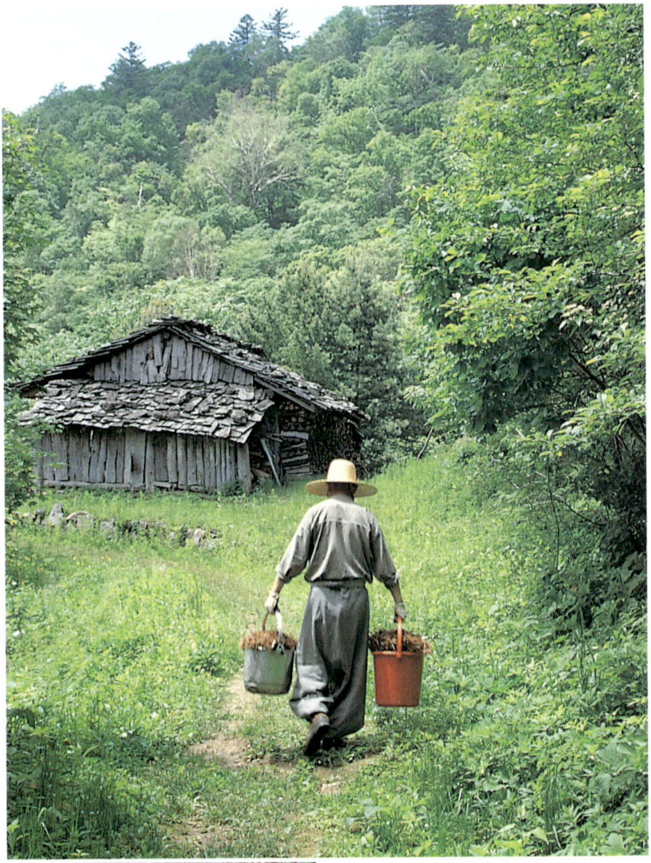

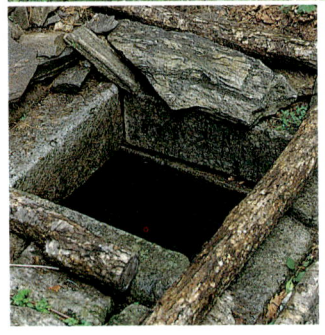

오대산 수정암 우통수 물이 마르기 시작
한 뒤부터는 석간수를 쓰고 있다.(위)
오대산 우통수 관리가 잘 안 돼 물이 마
르긴 했으나 여전히 물빛이 푸르스름하고
그윽한 맛을 지니고 있다.(아래)
오대산 적멸보궁 석가모니불의 진신사리
를 모신 5대 적멸보궁 가운데 하나로, 보궁
의 어디에 진신사리를 안치했는지 알 수 없
어 더욱 신비로운 곳이다.(옆면)

흘러 한강이 되어 바다로 들어간다. 한강은 비록 여러 곳에서 흐르는 물이
모인 것이나 우통수가 복판 줄기가 되어 빛깔과 맛이 변하지 않는 것이 중
국에 양자강이 있는 것과 같으니 한강이라는 명칭도 이 때문이다'라 하였
다."

　이는 우통수를 양자강의 한복판을 흐르는 중령이라는 물에 비유한 것으
로, 우통수와 중령이 같음을 말한 것이라 한다. 하지만 어찌 중국의 중령을
해동의 우통수에 비할 것인가.

| 찾아가는 길 |
오대산 상원사 주차장에 차를 세운 뒤 상원사를 거쳐 20분쯤 오르면 콘크리트 다리가 나온다. 다리를 건너자
마자 왼쪽을 보면 산으로 올라가는 희미한 오솔길이 있다. 이 인적 드문 길로 40분쯤 오르면 수정암 앞에 있
는 우통수가 보인다.

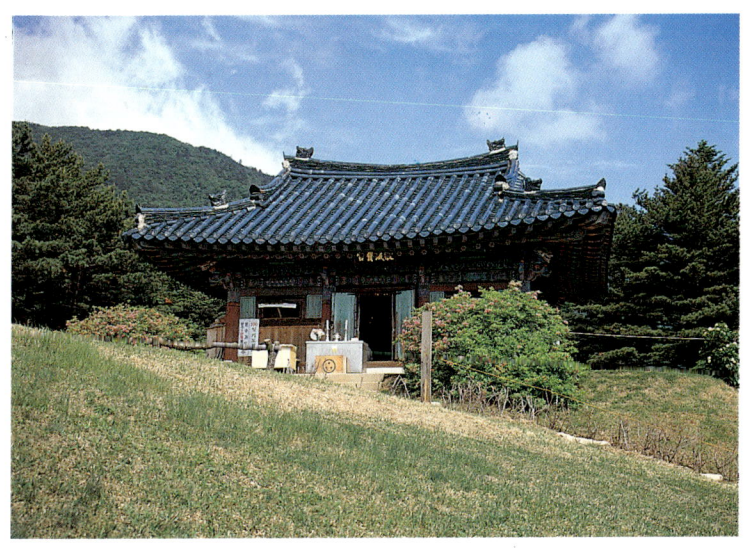

횡성 삼일청수 | 횡성군 횡성읍 읍하리

3·1운동의 기백이 살아 있는 샘물

횡성군청 바로 뒤 삼일체육공원 올라가는 언덕길에 있는 삼일청수는 횡성 군민들이 입에 침이 마르도록 자랑하는 샘물이다. 횡성 사람치고 이 물을 마셔 보지 않은 사람이 없을 정도라 하는데, 시원하고 맑은 맛이 일품이다.

3·1운동을 지칭하는 '삼일'이라는 이름에서도 알 수 있듯 이 샘물은 횡성 사람들 가슴속에 3·1운동의 기백까지 불어넣고 있다. 횡성은 강원도에서 만세운동이 가장 활발하게 벌어진 곳으로 삼일체육공원 내에 있는 3·1운동기념비, 횡성군민 만세운동기념비 등에서 횡성군민들의 자존심을 읽을 수 있다.

철쭉이 나란히 자라고 있는 삼일청수 곁에는 고려 중기 때의 작품인 읍하리삼층석탑(강원도유형문화재 제23호)과 고려 초기 작품인 석불좌상(강원도유형문화재 제22호)이 수호신처럼 삼일청수를 지켜 주고 있다. 두 유물은 모두 공근면 상동리 성덕사지로 추정되는 곳에 있던 것인데 일제 때 이곳으로 옮겨 왔다고 한다. 이처럼 유물과 샘물이 함께 있는 경우는 여느 곳에서는 만나기 어려운 광경이리라.

한 가지 아쉬운 것은 샘물이 전기로 작동한다는 점이다. 버튼을 누르면 모터가 시끄럽게 돌아가면서 일정 시간 물이 나와 샘물을 절약할 수 있다는 데는 동감하지만, 샘이 갖고 있는 중요한 덕목이라 할 수 있는 운치는 잃은 셈이다. 그나마 이런 단점을 보완해 주는 것이 바로 두 점의 유물이다.

횡성에서 경기도 양평으로 넘어가는 6번 도로 험준한 고갯길 마루에는 보

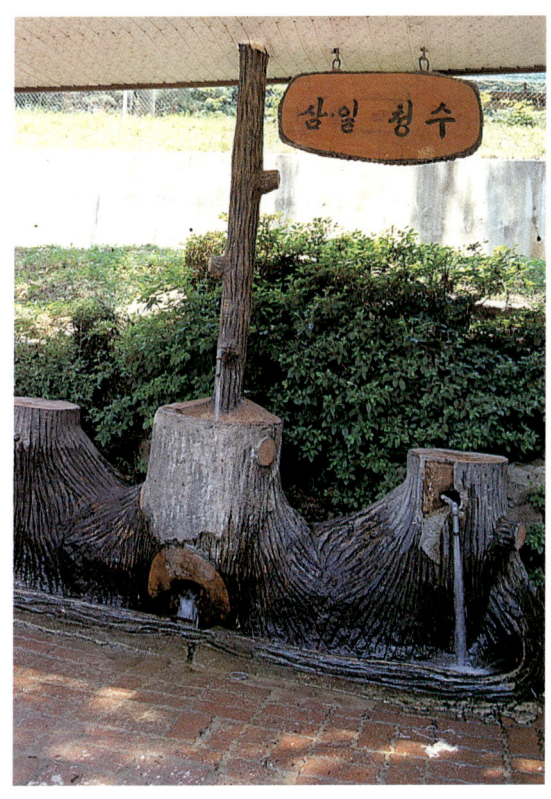

삼일청수 파이프를 설치해 운치는 없지만 샘터 옆의 문화재 두 점이 이러한 단점을 보완해 준다.

현청수라는 또 하나의 샘이 있다. 이 고개는 매우 험하지만 강원도와 경기도를 잇는 중요한 도로였기에 물자 이동이 많았고, 그것을 노린 도둑들이 고갯마루에서 진을 치고 오가는 사람들을 털곤 했다고 한다. 그래서 '도둑머리고개'라고도 한다.

19번 국도가 지나는 청일면 춘당리 춘당계곡 가에 있는 강원민속촌은 강원도 산촌 가옥의 전형을 체험할 수 있는 곳이다. 굴피집과 너와집을 비롯해 겨릅집, 억새집, 시누대집 등 지금은 찾아보기 어려운 산촌 가옥은 물론

초가집과 기와집 등 10여 가지의 가옥 형태가 한자리에 조성되어 있다. 이 민속촌에는 황토방, 숙박시설, 강당, 놀이시설, 솟대봉 등산로, 민속공연장, 야외 결혼식장 등이 갖춰져 있다.

| 찾아가는 길 |
횡성군청 뒷담 곁에 있어 군청만 찾으면 어렵지 않게 샘을 만날 수 있다.

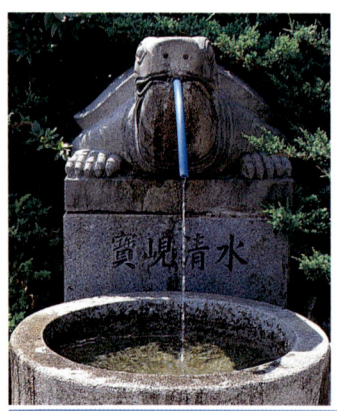

보현청수 도둑머리고개라고도 불리는 험준한 고갯마루에 있는 또 하나의 맑은 샘물이다.(위)
강원민속촌 강원도 특유의 산촌 가옥과 10여 가지의 가옥 형태를 한자리에 모아 놓아 우리 가옥의 여러 전형을 체험할 수 있는 곳이다.(아래)

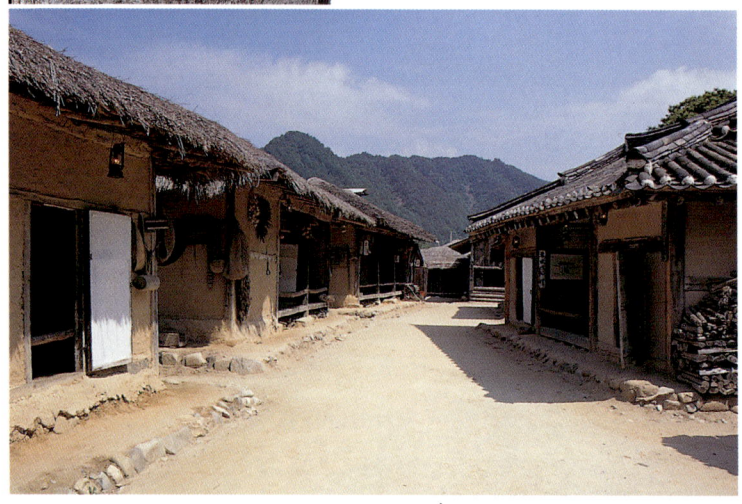

경기도

소요산 자재암 원효샘

연천 어수정

포천 약사골약수

소요산 자재암 원효샘 |

원효가 발견하고 이규보가 극찬한 샘물

세계 불교계의 거목 원효는 이 땅 곳곳에 수많은 절을 세웠는데, 그가 세운 절에는 반드시 맛좋은 샘물이 솟고 있다. 경기의 소금강으로 불리는 소요산 (559미터) 자재암 역시 원효의 자취가 남아 있는 곳으로, 나한전이 자리잡은 동굴에 원효샘[元曉井]이라는 맛좋은 석간수가 흐른다. 이 석간수는 1300년 전 원효가 차를 끓일 때 쓰던 샘물로, 전국에서 손꼽힐 만큼 이름이 나 있다.

자재암은 원효가 관자재보살(觀自在菩薩)을 친견했다 해서 붙인 이름이다.

요석 공주와 인연을 맺고 당대의 석학 설총을 낳은 원효는 소요산 깊은 계곡에 초막을 짓고 수행하고 있었다. 어느 비 오는 날 밤, 약초를 캐다 길을 잃은 아녀자가 하룻밤 재워 줄 것을 부탁하며 은근히 유혹하였다. 원효는 "마음이 움직이는 고로 옳고 그르고, 크고 작고, 깨끗하고 더럽고, 있고 없는 가지가지 법이 생기는 것이요, 마음이 멸한 고로 상대적 시비나 가지가지 법이 없어지노니, 나는 참된 수행의 힘이 있노라"라고 말하였다. 그 여인은 관음보살의 화신이었고, 이튿날 좌선 도중 관세음보살의 진신을 친견한 원효는 기쁨에 겨워 이곳에 절을 짓고 자재암이라 불렀다고 한다.

무색, 무미, 무취의 단아한 물맛은 원효의 선택이 틀리지 않았음을 증명한다. 하지만 물이 나오는 동굴은 많이 변했다. 동굴 입구의 바위를 깨고 석간수를 끌어내, 용머리 조각의 입에서 물이 나오게 만들었다. 전통적으로 용은 물을 관장하는 동물을 상징했기에 용머리를 조각했겠지만, 원효의 흔적이 남아 있을 그 자연스런 모습을 보지 못하는 것은 아쉽다. 하지만 물맛은 그 오랜 세월에도 변함 없어 차를 즐기는 사람들의 사랑을 받고 있다.

차 생활을 즐겼던 고려시대 최고의 서사 시인인 이규보(李奎報, 1168~1241)도 이곳을 그냥 지나치지 않았다. 그는 자재암 석간수 물맛을 보고 감탄하여 「원효가 찾아드니 돌 틈으로 단물이 솟고」라는 시를 남겼다.

산따라 위험한 다리 건너
발을 포개며 좁은 길 걷네
위에는 백 길의 산마루가 있으니
원효가 일찍이 절을 지었네
신령한 자취는 어디로 가고
초상만 흰 비단 폭에 남았구나

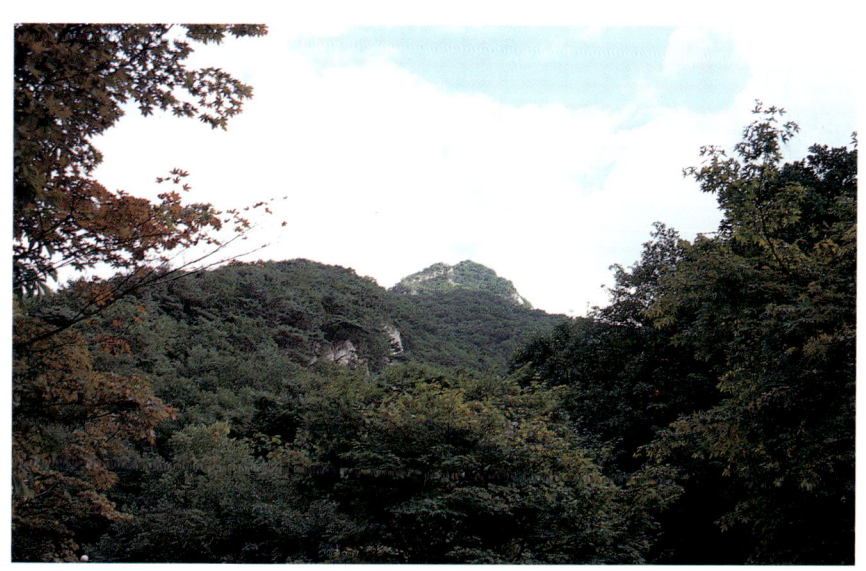

소요산 경기의 소금강이라 불릴 만큼 뛰어난 경치를 자랑하는 소요산은 단풍과 폭포가 특히 아름다운 곳이다.

차 끓이던 샘에 찬물이 고여

마셔 보니 젖같이 맛있네

이곳에 예전에 물이 없었다면

스님들이 살기 어려웠을 것인데

원효가 와서 거처하매

단물이 돌구멍에서 솟았네

| 찾아가는 길 |

3번 국도를 타고 동두천을 지나 5킬로미터 가면 오른쪽으로 소요산 입구가 나온다. 매표소에서 일주문 거쳐 자재암까지는 천천히 걸어도 1시간이면 충분하다. 대중교통을 이용할 경우 경원선 열차를 타고 소요산역에 내리면 된다.

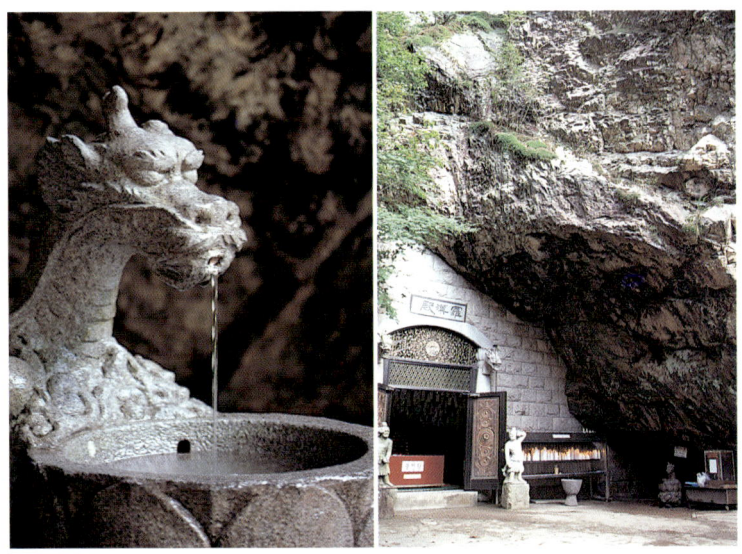

원효샘 자재암 입구에 있는 샘으로 무색, 무미, 무취의 단아한 물맛을 갖고 있다.(왼쪽)
자재암 나한전 원효샘은 나한전으로 바뀐 동굴 안에서 흘러 나오는 석간수였다.(오른쪽)

연천 어수정 | 연천군 미산면 아미2리

후삼국 통일한 왕건의 기백이 숨쉬는 샘물

동족 상잔의 비극을 고스란히 간직한 채 그 상징으로 남아 있는 임진강. 임진강이 한눈에 내려다보이는 연천 땅 잠두봉 기슭의 숭의전(崇義殿, 사적 제223호) 입구에는 고려 태조 왕건의 일화가 깃든 어수정(御水井)이라는 샘물이 있다.

숭의전이 생기기 전 잠두봉에는 앙암사(仰岩寺)라는 절이 있었다고 한다. 절 아래 강가에는 수심이 깊은 '돌배소'라는 나루터가 있는데 개성에서 90리, 철원에서 90리인 이 나루터에 왕건이 자주 들렀다. 왕건은 당시 궁예의 부하로 개성과 철원을 오가며 중요한 임무를 수행하고 있었다. 잠두봉 바위 틈에서는 맑은 샘물이 솟았는데, 왕건은 이곳에 들를 때마다 샘물을 마시고 소원을 빌며 몸과 마음의 평정을 가다듬었다고 한다. 나중에 왕건이 후삼국을 통일하고 고려를 세우자 '왕이 마신 물'이라 해서 어수정이란 이름을 얻었다. 왕건이 자주 마시던 어수정 샘물은 숭의전에서 제를 지낼 때 제수(祭水)로 쓰고 있다.

어수정 물줄기는 아무리 가물어도 마르지 않고, 홍수가 나 강물이 넘쳐도 넘치지 않으며, 임진강이 꽁꽁 얼어붙는 강추위에도 얼지 않고, 삼복 더위에도 이가 시릴 정도로 차갑다고 한다. 필자가 들렀을 때도 한여름이었는데, 길가에 나앉은 샘물임에도 심산유곡의 그것에 뒤지지 않을 만큼 차가웠으며, 물맛은 조금 묵직한 느낌이었다. 후삼국을 통일한 영웅 왕건이 마셨다는 그 무게감 때문일까.

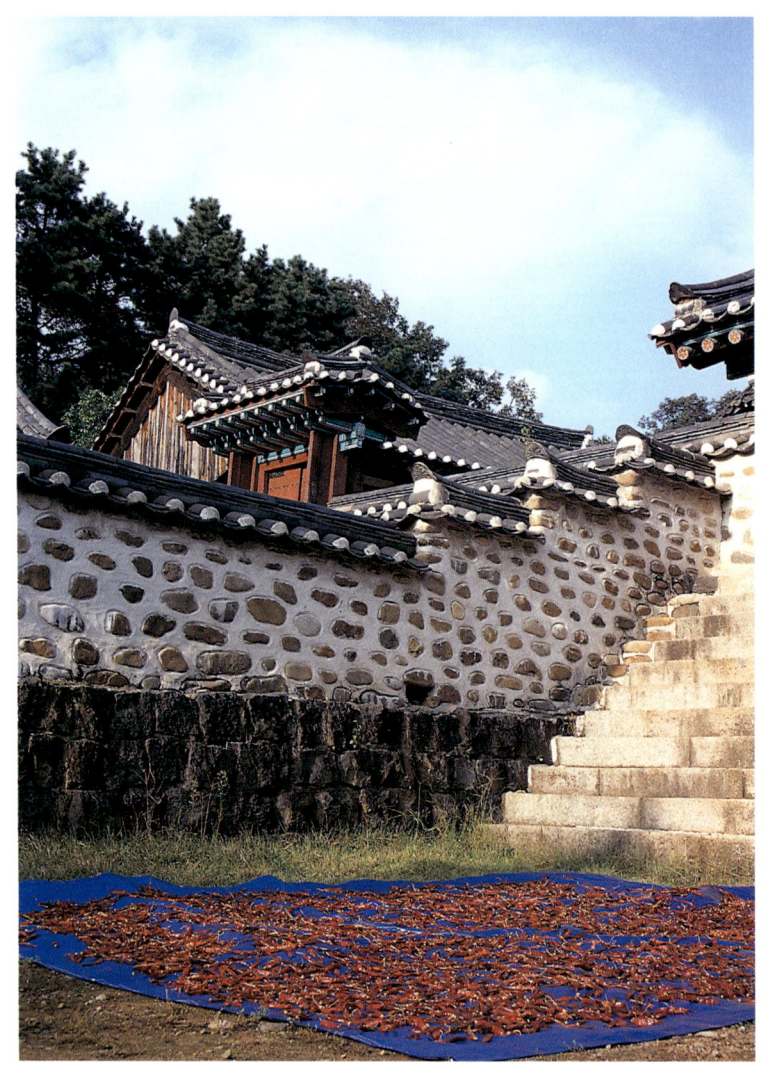

숭의전 고려 태조 왕건과 7명의 임금, 정몽주를 비롯한 고려 공신 16명의 위패를 모신 곳이다.

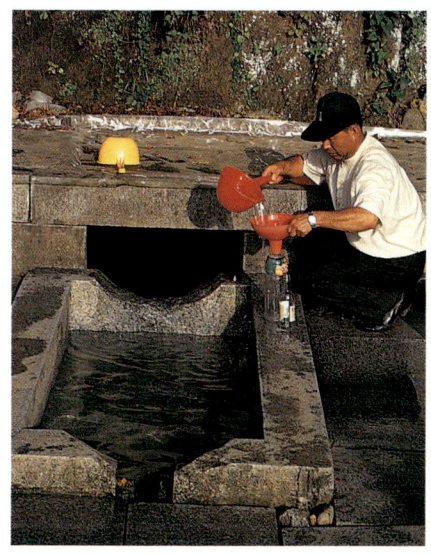

연천 어수정 후삼국을 통일하고 고려를 세운 왕건이 마시던 물이라 해서 붙은 이름이다.

물을 한 모금 들이키고 하마비(下馬碑)를 지나 완만한 길을 따라 잠시 오르면 숭의전. 고려 태조 왕건과 7명의 임금과 정몽주를 비롯한 고려 공신 16명의 위패를 모신 숭의전에서는 남쪽 발 아래로 임진강을 굽어볼 수 있다. 수령 550년이 넘었다는 느티나무 아래에서 발치로 펼쳐지는 임진강을 바라보는 즐거움은 숭의전이 지닌 매력이다. 유구히 흐르는 강물을 가만히 바라보면, 뜨거운 기개로 무장한 왕건이 임진강을 오르내리며 대장부의 포부를 펼쳐 나가던 모습을 상상할 수 있다. 그리고 지금의 무장한 군인들이 행군하는 모습에서 역사의 반복성도 깨닫게 된다.

| 찾아가는 길 |

3번 국도로 동두천을 지나 연천 전곡읍까지 간다. 전곡읍사무소 앞에서 지방도를 따라 문산 쪽으로 10킬로미터쯤 가면 길 왼쪽으로 숭의전 입구가 보인다. 숭의전 입구에 어수정이 있다.

포천 약사골약수 | 포천군 이동면 도평리

해동 최고의 막걸리를 빚는 비법의 근원

색이 탁해서 탁주, 농가에서 빚어 농부들의 갈증을 덜어 준다고 해서 농주 등으로 불리는 막걸리는 우리나라에서 가장 역사가 오래된 술이다.

옛날에는 일반 가정에서 직접 술을 빚었다. 오지그릇 위에 정(井)자 모양의 겅그레를 걸고, 그 위에 지에밥에 누룩을 섞어 빚은 술을 올려 놓고, 체에 부어 거르면 뿌옇고 텁텁한 탁주가 된다. 여기에 용수를 박아서 떠내면 맑은 술, 청주가 된다. 찹쌀을 원료로 한 것은 찹쌀 막걸리, 밥풀을 거르지 않은 것은 동동주이다. 고려시대에는 배꽃 필 무렵에 막걸리용 누룩을 만든다 하여 이화주라 부르기도 했다.

순수 막걸리로 우리나라에서 가장 유명한 것은 '포천 이동막걸리'이다. 이동막걸리를 빚을 때는 포천 백운동계곡 지하에서 뽑아 올린 물을 쓰는데, 이 물에는 일반 식수에 비해 두 배 가량 풍부한 특수 미네랄이 함유되어 있다고 한다.

백운동계곡 지척의 각흘봉 남쪽 계곡인 약사골은 깊이 들어갈수록 기암괴석과 울창한 숲으로 이루어져 있어 감탄이 절로 나오는 계곡이다. 그 약사골에 천연 동굴이 하나 있는데, 입구는 어른이 허리를 굽혀야 겨우 들어갈 정도로 좁지만, 일단 들어서면 10명쯤은 둘러앉을 수 있을 만큼 넉넉한 공간이 나온다. 약사골약수는 이 동굴 안 바위 틈에서 흘러 나온다.

옛날 사냥꾼에 쫓기다가 상처를 입은 꿩이 이 샘물에 상처를 씻어 나았다는 얘기가 있다. 그뒤 신기한 샘물이라는 소문을 듣고 찾아온 벙어리가 이

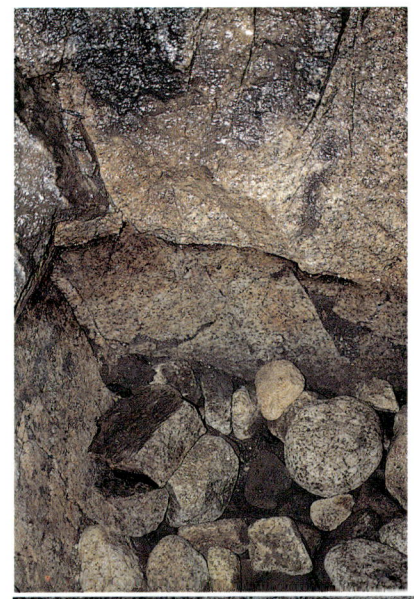

약사골약수 밖에서 보면 매우 좁지만 샘물이 나오는 동굴 안에는 넉넉한 공간이 있다.

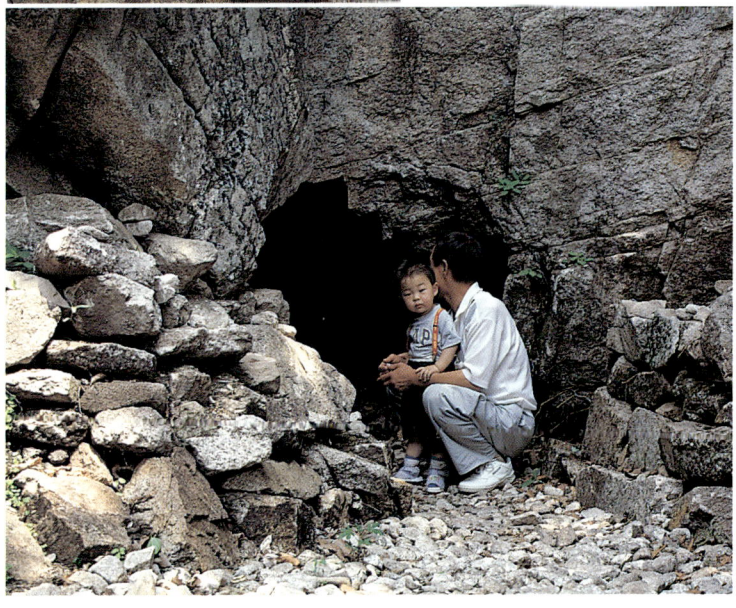

샘물을 정성스레 먹고 입을 열게 되었으며 피부병, 위장병 환자들도 이 샘물을 먹고 모두 병을 고쳤다고 한다. 그래서 한때는 경기도와 한양은 물론 멀리 충청도에서도 찾아오는 이들의 발길이 끊이지 않았다.

이처럼 신기한 샘물, 즉 약물이라 해서 약사골이라는 이름이 붙었나 했더니 근처에 고려시대의 큰 절인 '약사'라는 절이 있어 약사골이라 했다고 한다. 조선시대 중엽 '양성 이씨'들이 이곳에 집성촌을 이루고 살았다 해서 '양성 이씨 약수터'라 불리기도 한다.

이름이야 어떻든 심산유곡 깊은 동굴에서 흘러 나오는 물맛은 가히 타의 추종을 불허할 정도이다. 무더운 여름날에는 맑고 차가운 물이 동굴 바위벽을 타고 흘러내려 고인다. 동굴 안에 들어가 있으면 신선의 세계가 따로 없고, 삼복 더위에도 금방 소름이 돋는다. 외진 곳이라 사람들이 그리 많지 않은 것도 장점이다.

| 찾아가는 길 |

47번 국도 포천 이동면사무소에서 김화 쪽으로 7킬로미터 가면 갈림길이 나온다. 여기에서 좌회전해 갈말(신철원) 방향으로 1킬로미터쯤 가면 오른쪽으로 약사골약수 팻말이 보인다. 샘물이 나오는 동굴은 길에서 20미터쯤 떨어져 있다.

경상도

삼랑진 만어사 정신수 | 경상남도 밀양시 삼랑진읍 용전리

1만 마리의 '돌 물고기'를 살려 온 생명수

저녁 햇살을 받아 황금빛으로 일렁이는 파도에 1만 마리 물고기가 수면을 박차고 오른다. 남해 바닷가가 아닌 삼랑진 만어산(670미터)에 있는 만어사(萬魚寺)의 해질녘 풍광이다. 산 깊은 절집에 무슨 물고기가 1만 마리나 있을까.

전설을 들어 보자.

옛날 동해 용왕의 아들이 자신의 수명이 다한 것을 알고 낙동강 건너 무척산의 스님을 찾아가 새로 살 곳을 마련해 달라고 부탁했다. 스님이 일러준 대로 길을 떠나자 동해의 수많은 물고기 떼가 그의 뒤를 따랐다. 나중에 그는 큰 미륵돌로 변하고 물고기들도 크고 작은 돌로 변했으며, 그 자리에 만어사가 생겼다고 한다.

이 전설에서 보듯 만어사는 둘레에 있는 너덜(돌이 많이 깔린 비탈)이 물고기를 닮았다 해서 지어진 이름이다. 『삼국유사(三國遺事)』 탑상(塔像) 편 어산불영(魚山佛影) 조에는 더 자세히 나와 있다.

『고기(古記)』에 이런 기록이 있다.
만어산은 옛날의 자성산(慈成山), 또는 아야사산(阿耶斯山)인데, 그 옆에 가라국(呵羅國)이 있었다.
옛날 하늘에서 알이 바닷가로 내려와 사람이 되어 나라를 다스렸으니, 곧 수로왕이다. 이때 그 영토 안에 옥지(玉池)가 있었는데, 그 못 안에 독룡

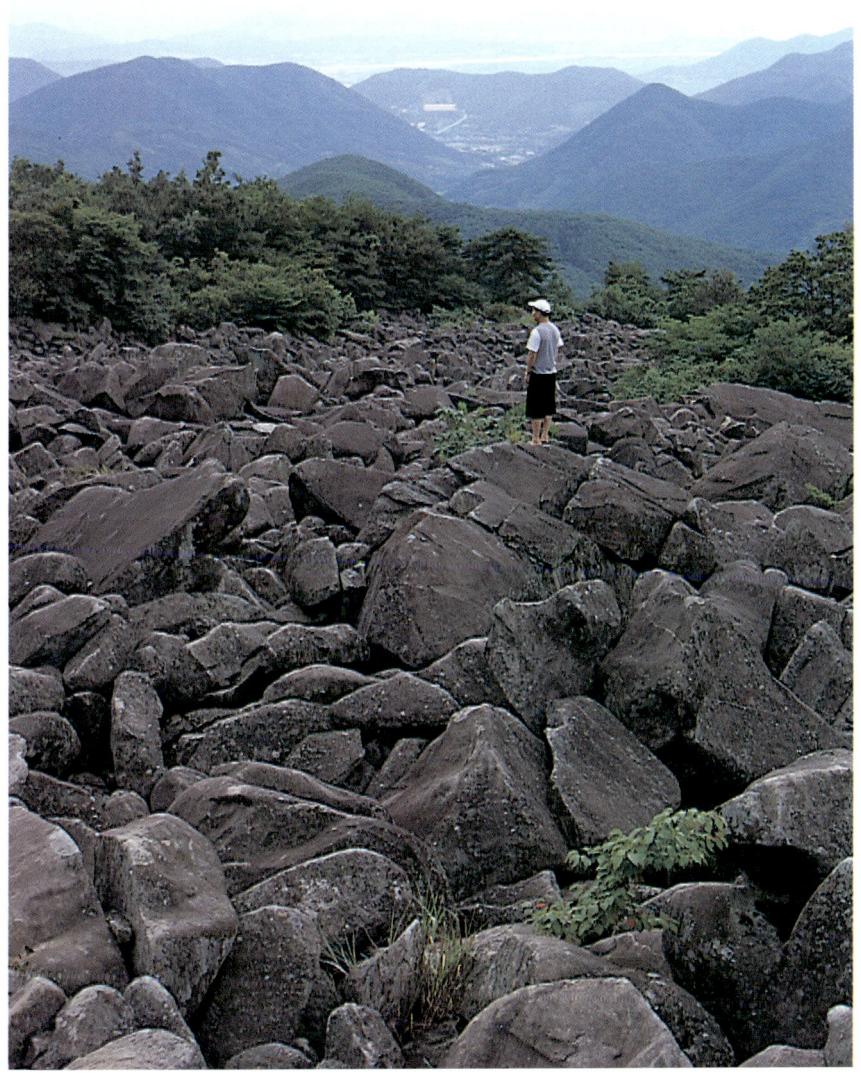

만어사의 종석너덜 1만 마리의 물고기가 변해서 된 것이라는 만어사 둘레의 돌들은 두드리면 맑은
종소리를 낸다.

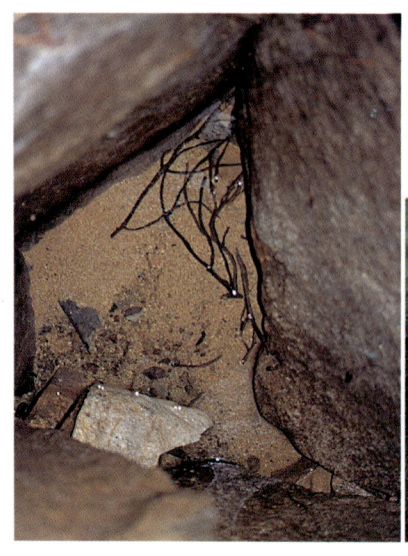
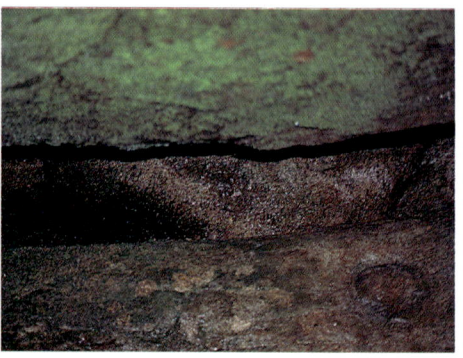

만어사 **정신수** 청석을 씻어낸 샘물은 씁쌀한 맛을 갖고 있다.(왼쪽)
만어사 **회간수** 밀물과 썰물에 의해 동해 수면이 변할 때 이 샘물의 높낮이도 달라진다고 한다.
(오른쪽)

이 살고 있었다. 만어산에 다섯 나찰녀(羅刹女)가 있어 그 독룡과 서로 오
가며 사귀었다. 그러므로 때때로 뇌우를 내려 4년 동안 오곡이 결실을 맺
지 못했다. 왕은 주술로써 이 일을 금하려 해도 할 수 없으므로 머리를 숙
이고 부처를 청하여 설법했더니 그제야 나찰녀가 오계(五戒)를 받았는데
그후로는 재해가 없었다. 그 때문에 동해의 고기와 용이 마침내 골짜기 속
에 가득 찬 돌로 변하여 각기 쇠북과 경쇠의 소리가 난다.

만어산 너덜의 돌은 종소리가 난다 하여 '종석너덜'이라 불린다. 세종대
왕 때는 편경(編磬, 돌을 깎아 만든 조각들을 매달아 두드려 소리를 내는 악
기)을 만들 때 이곳의 돌을 가져다가 썼다고 한다.

일연은 이 너덜 가운데 거의 3분의 2가 금옥의 소리를 낸다고 했는데, 직접 두드려 보면 3개 가운데 적어도 1개는 신기하게도 아주 해맑은 종소리를 낸다. 초여름 굵은 장대비라도 쏟아지면 계곡은 온통 땡그렁거리는 종소리에 파묻힐 듯하다.

만어산 너덜은 전설에 의하면 물고기가, 『삼국유사』에 의하면 용의 비늘이 변해서 된 것이다. 물고기든 용이든 둘 다 물과는 뗄 수 없는 관계인 만큼 이곳에 이름난 샘물이 없을 리 없다. 1만 마리의 물고기 떼 속에, 혹은 용의 비늘 속에 신기한 샘물이 보물처럼 숨어서 솟고 있으니 바로 정신수(精神水) 또는 통신수(通神水)라 불리는 샘물이다.

샘은 미륵전 아래쪽 너덜지대에 숨어 있다. 원래 너덜지대에는 물이 쉽게 고일 수가 없는데도 정신수는 항상 마르지 않고 흐른다. 샘 이름에서 알 수 있듯이 신령스런 기운이 샘솟거나 신과 영적 교류가 가능한 샘물임을 알 수 있다. 실제로 병을 치료하는 데 효험이 있어 경남과 부산 일원의 많은 환자들이 이 물을 길어다 마신 후 효과를 보았다고 한다. 물맛은 청석을 씻어낸 탓인지 여느 샘물과는 좀 다른, 쌉쌀한 맛이 느껴진다.

하지만 모두 어슷비슷한 돌들만 있는 너덜지대라 샘을 찾기란 쉽지 않다. 찾았다 하더라도 샘 입구는 마른 사람 하나 겨우 들어갈 수 있을 정도로 좁다. 어린이가 들어가는 게 좋겠지만 깜깜한 돌 틈 사이로 몸을 들이밀려면 약간의 담력이 필요하다.

만어사 미륵전 옆에는 또 하나의 신비한 석간수가 있는데, 밀물과 썰물에 의해 동해 수면이 변할 때 이 샘물의 높낮이도 달라진다고 하여 회간수(回看水)라 한다.

| 찾아가는 길 |

삼랑진초등학교 삼거리에서 8킬로미터쯤 올라가면 만어사가 나온다. 산으로 올라가는 길이 그리 넓지는 않지만 승용차도 절 앞 주차장까지 어렵지 않게 오를 수 있다.

창녕 함박산약수 | 경상남도 창녕군 영산면 동리

산신령이 효자에게 베푼 '영산약물'

옛날 효성 지극한 나무꾼이 늙은 어머니를 모시고 영산에 살고 있었다. 어느 해 노모가 체증(滯症, 체하여 소화가 잘 안 되는 증세)에 걸려 여러 가지 약을 썼으나 효과도 없이 날로 쇠약해져 갔다. 효자는 목욕 재계하고 노모의 병환이 쾌유되기를 빌었다. 기도한 지 7일째 되는 날 밤, 꿈에 홀연히 기품 있는 백발노인이 나타나 "네가 원하는 것을 내가 알고 있으니 이 산 함박꽃이 있는 곳으로 찾아오너라"고 말했다.

효자는 날이 새자마자 함박산을 올랐다. 산중턱 소나무 우거진 사이에 함박꽃이 만발하였으나 그가 구하는 약은 보이지 않았다. 실망한 나무꾼은 숨을 돌리다가 함박꽃에 둘러싸인 계곡에서 솟아 흘러내리는 청수(淸水)를 마셨다. 그 물은 차고 향긋하여 마치 생명수와도 같았다. 가슴이 단번에 시원해졌다.

"이게 신령님이 주신 약물이구나."

효자는 기쁨에 넘쳐 노모께 약물을 떠다 드렸다. 며칠 계속해서 약물을 떠다 드리자 노모의 병은 완쾌되었다. 그후에도 노모는 늘 약물을 마시고 장수했다. 소문을 들은 사람들이 다투어 이 약물을 길어다 마시게 되었는데, 반드시 효성이 지극한 사람만이 효험을 얻는다고 한다.

약수터로 오르는 산길은 아름드리 벚나무가 우거져 등산로를 겸한 산책로로 좋고, 나무 그늘 때문에 한여름에도 매우 시원하다. 약수터 초입에는 조선시대(신라시대라고도 함)에 만든 것으로 추정되는 석빙고가 있다. 이 부

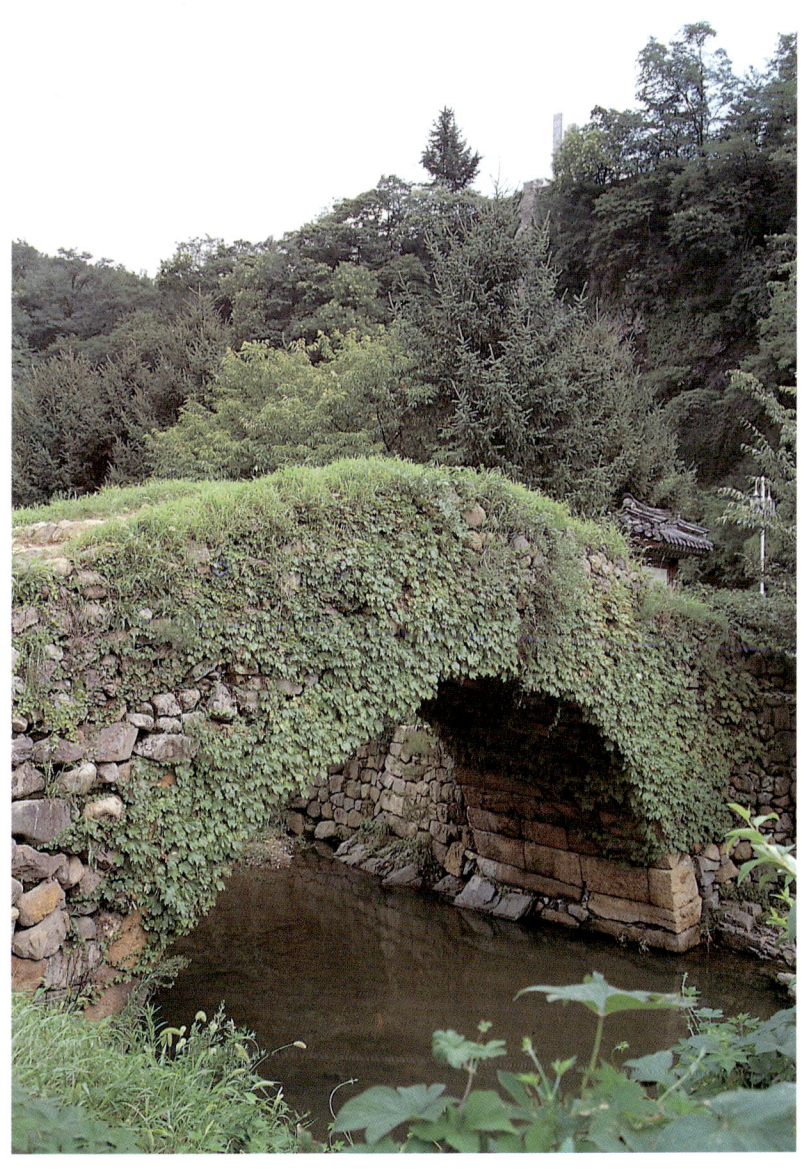

보물 제564호인 **영산 만년교** 1780년 석수 백진기가 축조하고 1892년 현감 신현조가 석수 김내경
을 시켜 중수했다고 한다.

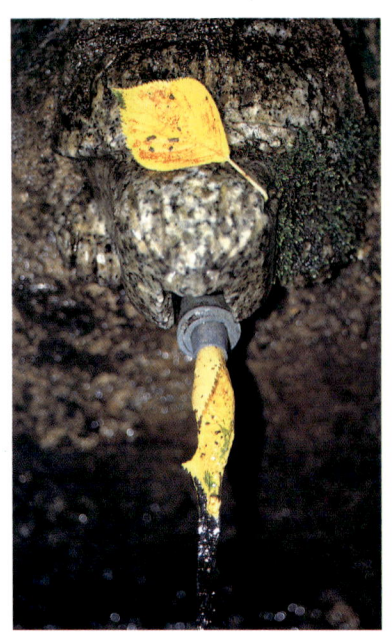

함박산약수 산신령이 효자에게 약물로 점지해 준 까닭에 '영산약물'이라 불리기도 한다.

근에 얼음을 간직했다는 데서 알 수 있듯이 '영산약물'로도 불리는 함박산 약수는 이가 시릴 정도로 차갑고 시원하다. 한 모금만 마셔도 십년 묵은 체증이 싹 내려갈 듯하다. 이 약수는 만성 위장병에 좋고 버짐을 없애 준다고도 한다. 약수터 바로 옆에는 '영산약물'을 점지해 준 산신령을 모신 산령각이 있고, 약수와 산령각을 보살피는 자그마한 암자도 있다.

영산면은 창녕 안에서도 독특한 문화유산을 여럿 간직해 온 고을이다.

마을을 흘러가는 동천을 가로지른 만년교는 보물 제564호로 지정되어 있다. 1780년 석수 백진기가 축조하고 1892년 현감 신현조가 석수 김내경을 시켜 중수했다고 한다. 원님이 고쳐 준 다리라 하여 '원다리'라고도 불린다. 만년교라는 이름은 다리가 튼튼하여 세월이 흘러도 무너지지 않는다는 뜻에서 붙여진 것으로, 홍수 때도 이 다리는 안전했다고 한다. 또 이 다리를 밟으면 다리병이 나지 않는다 하여 영산 사람들은 다리병이 없다는 말도 있다.

| 찾아가는 길 |

구마고속도로에서 창녕인터체인지나 영산인터체인지로 들어서면 된다. 함박산약수로 가려면 영산인터체인지에서 동리 만년교를 지나 1킬로미터쯤 가다가 석빙고가 있는 오른쪽의 가파른 산길로 오르면 된다.

지리산 음양수 | 경상남도 하동군 청암면 묵계리

신비로움의 극치를 이룬 생명의 모태들

지리산에는 샘이 많다. 특히 장쾌한 주릉에서 솟아나는 샘들은 등산객들의 피로를 씻어 주는 고마운 존재이다. 지리산에는 철쭉으로 유명한 세석평전(잔돌평원)의 음양수와 삼신봉의 음양수가 있다.

세석평전의 음양수는 백두대간의 영신봉에서 뻗어 내려온 낙남정맥의 정기가 처음으로 뿜어 나오는 샘물로서, 자녀를 갖지 못한 여인이 산신령께 기도를 하고 마시면 소원 성취한다는 얘기가 전한다. 이 샘물은 인적 드문 고지에 있어 무색, 무미, 무취를 자랑하는 석간수인데, 세석철쭉과 어우러진 슬픈 전설이 전한다.

때는 아득한 신화시대. 남해안에 살던 '호야'라는 남자와 '연진'이라는 여자가 섬진강을 따라 화개, 대성동계곡을 거쳐 지리산에 들어왔다. 두 사람은 지리산의 아늑한 품에 안겨 부족한 것 없이 살았지만, 어쩐 일인지 세월이 지나도 아이가 생기지 않았다.

그러던 어느 날, 남편이 나간 사이 곰 한 마리가 찾아왔다. 곰은 연진에게 "여기서 멀지 않은 곳에 음양수가 있는데 그 샘물을 마시면 자식을 얻을 수 있다"고 일러주었다. 연진은 단숨에 세석평전 아래 음양수로 달려가 샘물을 실컷 마시고 소원을 빌었다. 그런데 평소 곰과 사이가 좋지 않던 호랑이가 이들의 얘기를 엿듣고 지리산 산신령에게 일러바쳤다. 산신령은 노하여 천기를 누설한 곰을 토굴 속에 잡아 가두었고, 호랑이는 그 공으로 백수의 왕이 되었다. 그리고 연진에게는 평생 세석평전의 철쭉을 가꾸라는 벌을

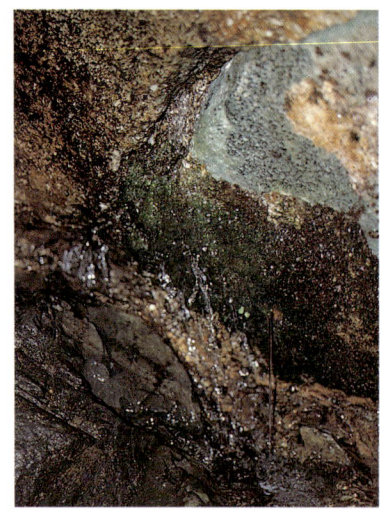
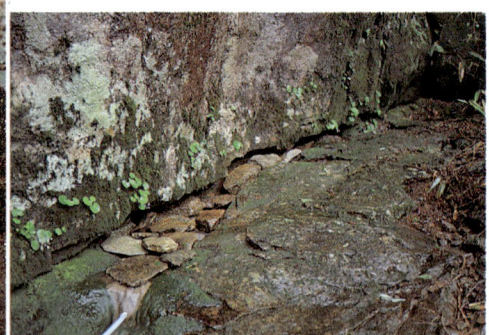

삼신봉 음양수의 양수(왼쪽)와 음수(오른쪽)

내렸다. 연진은 남편과 헤어져 해마다 그 고운 손에 피가 흐르도록 철쭉을
가꾸었다고 한다.

세석평전의 철쭉이 애잔한 연분홍빛으로 곱게 피는 까닭은 철쭉을 가꾸던
연진의 손에서 흐른 피가 묻어 있기 때문이라고 한다. 그리고 세석평전에 있
는 촛대봉은 연진이 불을 밝히고 산신령에게 용서를 빌던 곳이라 한다.

다른 하나의 음양수도 낙남정맥에 있다. 지리산 주릉인 영신봉에서 낙남
정맥 줄기를 따라 7킬로미터쯤 떨어진 삼신봉(1284미터)은 지리산 주릉을
한눈에 바라볼 수 있는 명당인데, 음양샘은 외삼신봉 아래 도선이 수도를
했다는 미륵암 터 바로 뒤 큰 바위 틈에서 흐르는 석간수이다. 왼쪽의 높은
곳에서 흐르는 샘물은 음수, 오른쪽 둥그스름한 바위에서 솟는 물은 양수인
데, 음수와 양수는 10미터쯤 떨어져 있다.

전해 오는 이야기에 의하면 신라 말기 도선이 이곳 음양수를 마시면서 백
일 명상 후 득도했다고 한다. 그후 이곳은 구도자와 무당들이 찾아와 신내
림을 받거나 도를 깨치는 장소로 이름을 날렸다. 또 이곳 음양수도 세석평

전의 음양수와 마찬가지로 자식이 없는 사람이 치성을 드리면 자식을 얻는 다고 한다.

미륵암 터에는 지금도 구도자들이 자주 찾는데, 이들은 음수와 양수를 따로 마시는 게 아니고 음수와 양수를 한데 모아서 마신다. 음과 양, 어느 하나에 집착하는 게 아니라 음과 양이 조화를 이룰 때에만 그 신비한 힘이 발휘된다는 뜻이리라.

| 찾아가는 길 |

세석평전 음양수는 지리산 세석산장에서 낙남정맥 능선길로 300미터쯤 간 능선 마루에 있다. 삼신봉 음양수는 하동 청학동에서 접근한다. 청학동 마지막 주차장에서 삼신봉 등산로를 따라 40분쯤 오르면 외삼신봉에서 내려오는 계류와 만나는 너덜지대. 여기에서 왼쪽으로 곧장 오르는 길은 원삼신봉으로 가는 길이고, 오른쪽 계류를 거슬러오르는 희미한 너덜길이 음양샘으로 가는 길이다. 50분쯤 오르면 자그마한 움막과 제단이 보인다. 샘은 오른쪽 바위 아래에서 솟는다.

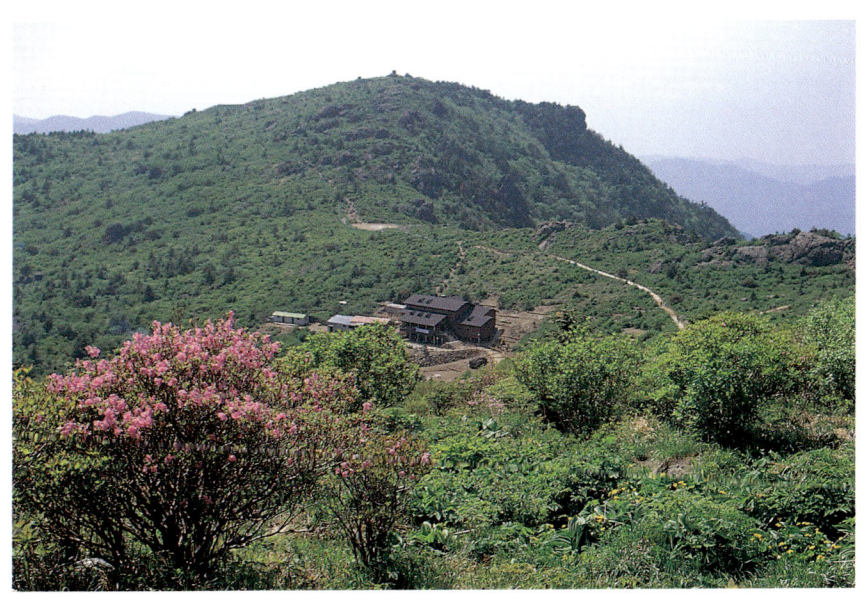

세석평전 호야와 연진의 슬픈 전설이 서려 있는 철쭉이 고와 애잔한 감상을 불러일으킨다.

지리산 천왕샘 | 경상남도 산청군 시천면 중산리

'성모의 눈물'처럼 고귀한 생명수

　어머니의 가슴처럼 늘 넉넉하고 포근한 지리산. 100리가 넘는 주릉에 솟은 봉우리들은 제각각의 모습으로 지리산의 위용을 세우며 사시사철 아름다운 경관으로 사람들을 불러 모아 속세의 때를 씻어 주고 상처받은 자들을 위로하고 있다.

　지리산의 최고봉인 천왕봉(1915미터). 지리10경 가운데 첫손가락에 꼽히며 3대가 공덕을 쌓아야 볼 수 있다는 '천왕일출'이 빼어나게 아름다운 이

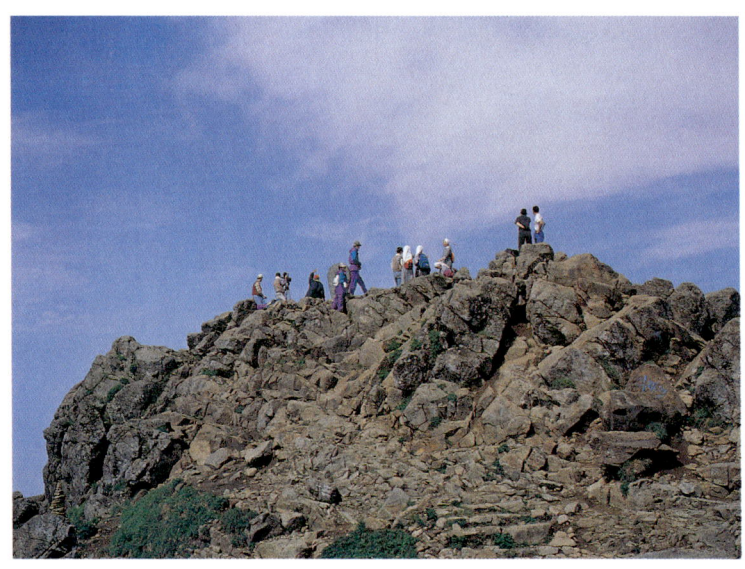

곳에는 지리의 수백 연봉을 호령하는 찬란한 기상이 서려 있다. 백두산 천지에서 발원한 백두대간의 영롱한 정기가 갈무리되는 곳, 즉 한라산을 제외하고 남한 땅에서 가장 높은 이 천왕봉 아래에 천왕샘이 있다. 눈 덮인 겨울에도, 뙤약볕 내리쬐는 한여름에도 천왕샘은 늘 적당한 수량의 물을 바위 틈으로 흘려 보내고 있다. 그것은 바로 천왕봉에 머물던 성모석상의 눈물이기도 하다.

성모(聖母)는 천왕봉에서 천년을 넘게 살아온 여신이다. 경주산 옥석으로 다듬어진 이 여신은 높이가 약 1.2미터, 너비는 50센티미터쯤 된다. 지금은 천왕봉에서 내려와 중산리 천왕사라는 조그마한 암자에 머물고 있다.

1489년 지리산을 오른 김일손이 쓴 『속두류록(續頭流錄)』에 의하면 천왕봉 정상에 한 칸 정도의 돌담벽을 한 너와집 성모사에 성모석상이 안치되어 있었다고 전한다. 이 성모석상은 1380년 황산에서 이성계에게 패해 지리산을 넘어 도망가던 왜군들에 의해 두 쪽이 났다고 한다. 일제 때는 사당을

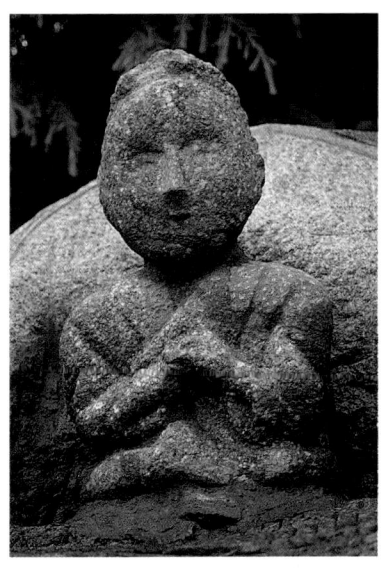

지리산 천왕봉 지리10경 가운데 첫손가락에 꼽히는 천왕일출은 3대가 덕을 쌓아야 볼 수 있다고 한다.(옆면)
성모석상 천년 전부터 지리산 천왕봉에 있었던 이 석상은 역사의 파란과 더불어 숱한 수난을 겪어 왔다.

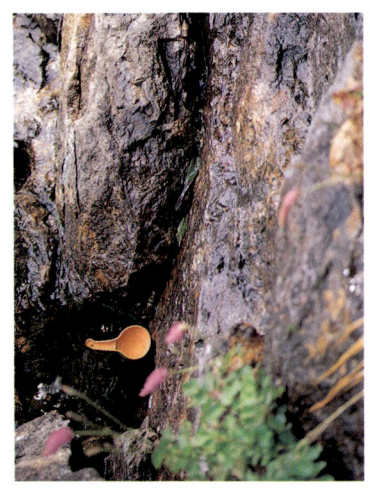

지리산 천왕샘 천왕봉 바위 틈에서 흘러 나오는 이 샘물은 백두대간의 정기를 갈무리한 원시의 물 그 자체이다.

철거하고 석상을 산 아래로 굴려 버렸는데, 산청에 사는 어떤 처녀가 다시 올려 놓았고, 해방 되던 해 11월에는 누군가에게 보쌈 당했다가 우여곡절 끝에 다시 올라 왔다. 그리고 1960년대 초까지만 해도 자그마한 사당에 안치되어 기도객들의 염원을 듣고 있었는데, 1972년 봄 모 종교인들이 훼손한 후 어디론가 사라졌다가, 1986년 1월 천왕사 혜범 스님이 발견해 천왕사에 모셔 놓은 것이다. 하지만 누군가 다시 훼손할 우려가 있어 천왕봉에 올려 놓지 못하고 있다.

이런 사연 탓인지 천왕봉 아래 바위에서 흘러 나오는 석간수 천왕샘은 다시 천왕봉에 오르기를 고대하는 '성모의 눈물'처럼 느껴진다. 땀을 한 줄기 뺀 뒤끝이라서인가, 그 물을 마시면 신선의 경지가 따로 없을 정도로 황홀해진다. 색도 없고, 맛도 느낄 수 없으며, 냄새도 없는 원시의 물 그 자체인 것이다.

| 찾아가는 길 |

천왕샘은 중산리 코스로 올라가는 것이 가장 빠른데, 매표소에서 4시간을 꼬박 걸어야 샘물을 마실 수 있다. 한라산을 제외하고는 남한에서 가장 높은 산이니 오를 때는 완벽한 산행 준비를 하고 경험이 많은 사람과 동행을 하는 것이 좋다.

함양 상림샘 경상남도 함양군 함양읍 상리

최치원이 만들고 가꾼 '천년 숲'에서 솟는 샘물

『당서(唐書)』에까지 저서가 언급될 정도로 당대 최고의 문장가로 이름 떨쳤던 최치원은 함양 사람들이 가장 자랑스럽게 여기는 인물이다. 857년 경주에서 태어난 최치원은 12세에 당나라로 유학을 떠나 28세 되던 해 고국 신라로 돌아온 뒤, 여러 고을의 수령을 거쳐 함양에 부임했다. 최치원이 함양 사람들에게 자신의 이름을 1100여 년간이나 각인시켜 놓을 수 있었던 까닭은 그가 만들고 가꾼 숲, 상림(上林) 때문일 것이다.

당시에는 함양읍 서쪽을 흐르는 위천의 물이 강둑을 자주 넘어 함양읍내를 온통 물바다로 만들어 놓곤 했다. 그래서 함양 수령으로 부임한 최치원은 이를 안타깝게 여겨 인근 지리산과 백운산 일대의 활엽수를 강둑으로 옮겨 와 인공 숲을 만들었다. 그후에는 아무리 큰물이 나도 함양은 안전할 수 있었고, 1100여 년이 지난 지금도 그 역할을 유감없이 수행하고 있다.

전하는 얘기에 의하면 최치원은 금호미로 단 하루 만에 상림을 조성했다고 한다. 또 이 숲에는 뱀 등의 파충류나 개미 같은 곤충들이 없었다고 하는데, 그건 최치원의 지극한 효성 때문이었다.

어느 날 최치원의 어머니는 숲 속을 거닐다가 뱀에 놀라 아들에게 이 이야기를 들려 주었다. 최치원은 한달음에 상림으로 달려가 "이후로 뱀이나 개구리 같은 해충은 상림에서 모두 없어져라. 그리고 다시는 이 숲에 들지 마라" 하는 주문을 외었다. 그리고 "상림에 뱀이나 개미가 나타나고 숲 속에 설죽(雪竹)이 침범하면 내가 죽은 줄 알라"고 말했다. 그후 상림에는 뱀과 개미 같은 해충이 나타나지 않았다고 한다.

상림은 1100여 년간 함양의 너른 들판을 지켜 냈을 뿐만 아니라 함양 사람들의 휴식처 역할도 톡톡히 해내고 있으니, 여느 국보급 문화재보다 소중한 유산임에 틀림이 없다.

상림 가장자리에 잘 조성된 상림샘은 물맛에 까다로운 함양 사람들도 두말 않고 받아 가는 샘물이다. 숲과 샘물이 아름다운 조화를 이루는 그곳에서 참나무 뿌리를 훑고 솟아나온 샘물을 마시면서 최치원을 그려 보는 것이다.

| 찾아가는 길 |

88올림픽고속도로 함양인터체인지에서 빠져 나오자마자 만나는 백천사거리에서 표지판을 따라 우회전해 4킬로미터쯤 가면 함양읍내가 나온다. 군청 바로 앞에 학사루가 있고, 이곳에서 700미터쯤 떨어진 곳에 상림이 있다.

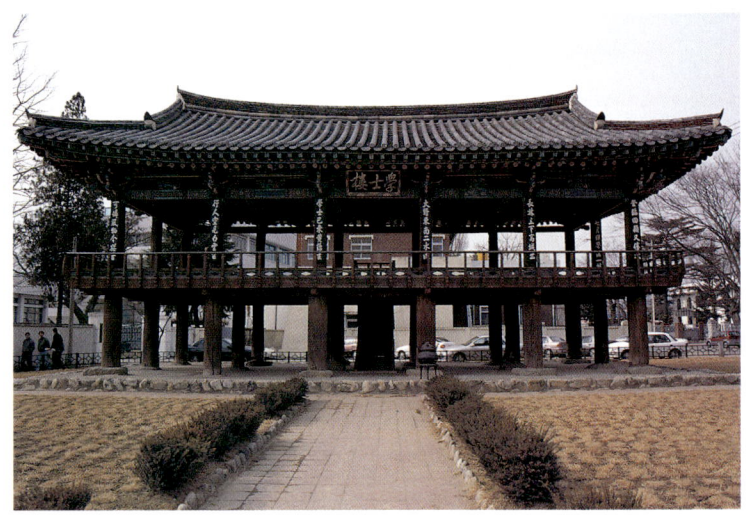

학사루 최치원이 함양에 부임하면서 지어 자주 올랐다고 전하는 누각이다.(위)
함양 상림 신라시대에 조성된 호안림(護岸林)으로 역사상 가장 오래된 인공 숲이다.(옆면)
상림샘 숲 가장자리에서 나오며 주변 경관과 잘 어우러져 조화를 이룬다.(옆면 작은 사진)

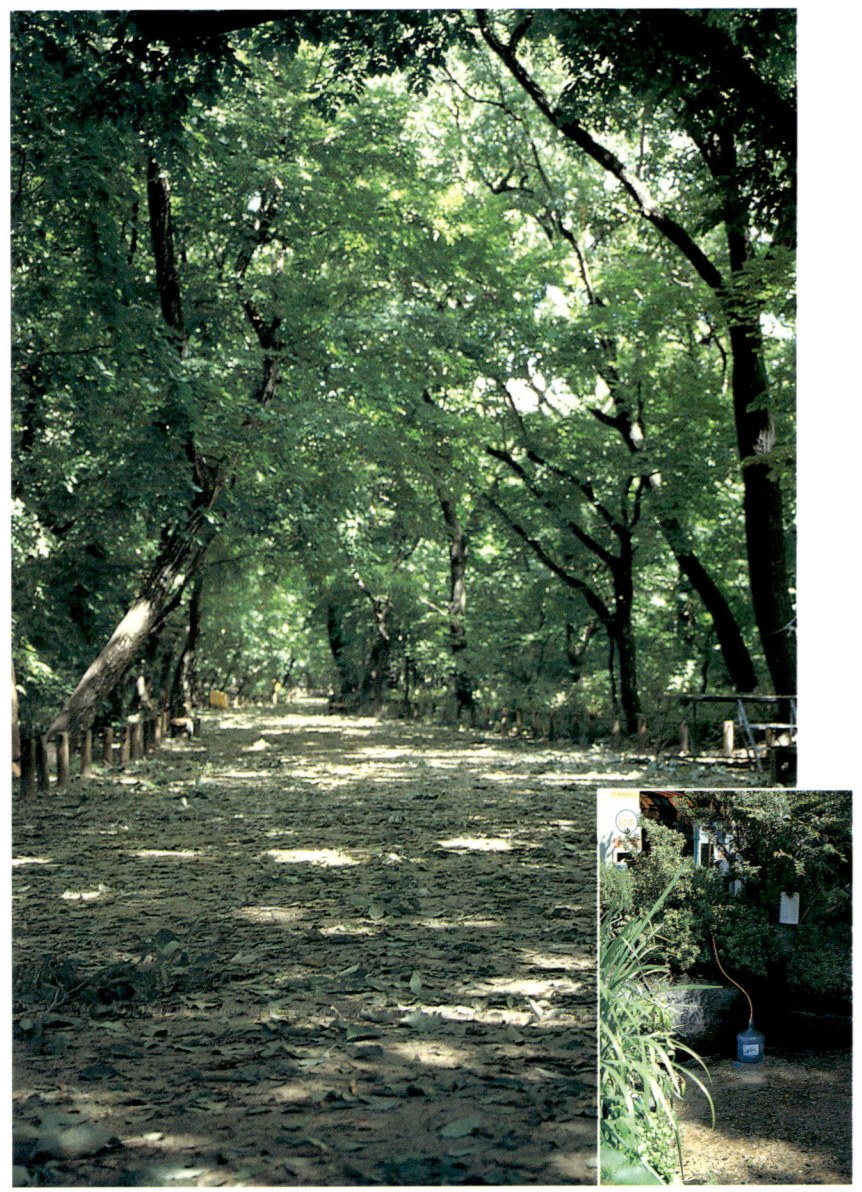

합천 가야산 굴샘

신선이 된 고운을 지켜본 홍류동계곡의 이끼샘

합천 가야산(1430미터)은 '신라시대 고운 최치원이 신선이 되어 사라진 산'으로 널리 알려진 명산이다. 가야산은 경치를 즐길 줄 아는 고운이 마지막으로 선택한 산답게 금강산을 방불케 하는 기암괴석과 그 사이사이 뿌리를 내린 노송들이 어우러져 12폭 동양화처럼 아름답다.

가야산의 바위 많은 산길을 걷다 보면 신선이 되어 선경 속으로 사라진 고운이 홀연히 나타날 것만 같다. 이 산에는 아름다운 계곡들도 많은데 특히 가장 뛰어난 풍광을 자랑하는 홍류동계곡에는 여지없이 최치원의 흔적이 남아 있다.

고운의 체취를 좇아 홍류동계곡을 거슬러 올라가다 보면 고운이 노닐던 농산정(籠山亭)이 보이고, 그 옆에는 고운의 「제가야산독서당시(題伽倻山讀書堂詩)」가 새겨진 제시석(題詩石)이 서 있다.

첩첩한 산을 호령하며 미친 듯이 쏟아지는 물소리에
사람의 소리는 지척 사이에도 분간하기 어렵네
시비하는 소리 귀에 들릴까 두려워
흐르는 물소리로 산을 모두 귀 막게 했구나

그래서 정자 이름이 '산을 귀 멀게 한다'는 농산정이다.
신라의 쇠망을 예언해 미움을 받은 고운은 38세에 가족을 거느리고 가야

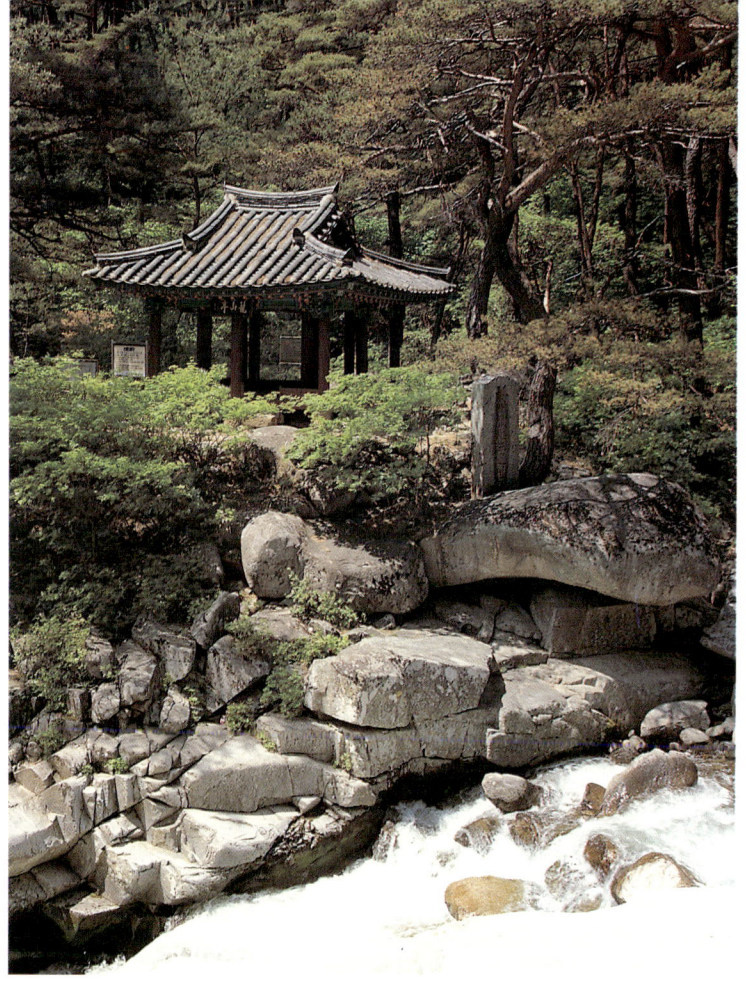

농산정 홍류동계곡의 아름다움에 취한 고운 최치원이 노닐던 정자로 그가 지은 시와 함께 남아 있다.

산에 든다. 현재 집단시설지구인 치인리는 원래는 '치원리'로 고운이 살았던 곳이라 한다. 또 단지봉 쪽으로 조금 올라간 곳에 '윗지인'이라는 지명이 남아 있는데, 이곳이 원래 고운이 머물던 곳이라고도 한다.

여하튼 고운은 이곳에 들어온 뒤 홍류동계곡의 아름다움에 파묻혀 "나는 청산에 들면 나오지 않는다"고 끝맺은 「입산맹약시(入山盟約詩)」를 남기고

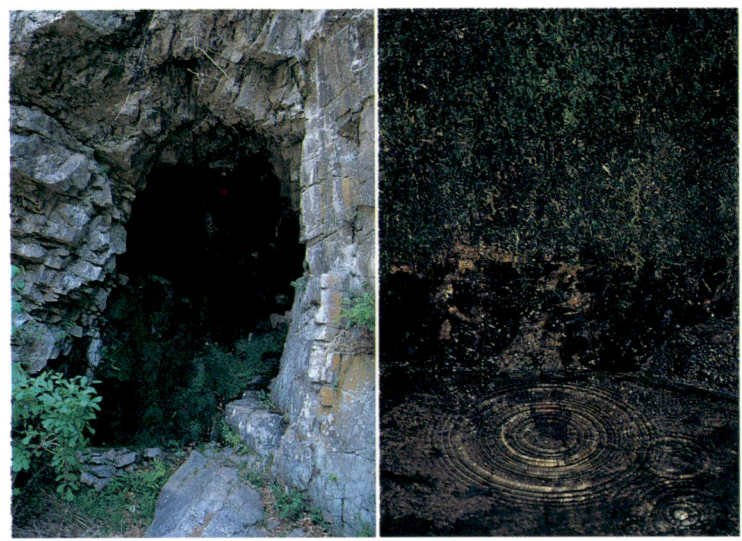

가야산 굴샘 농산정 근처에 있는 동굴의 바위 틈에서 흘러 나오는 석간수이다.

더 이상 세상에 나오지 않았다. 그리고 그는 가야산의 신선이 되었다. 지금
도 가끔 신선이 된 고운을 보았다는 얘기가 바람결에 들려오기도 한다.

　굴샘은 고운이 노닐던 홍류동계곡 농산정 근처 동굴에서 흐르는 이끼샘이
다. 이끼를 타고 흐르기 때문에 바가지가 없어도 받아 먹을 수 있다. 아마
고운도 이 계곡을 소요하며 지식인들과 도를 논하다 목이 마르면 동굴 속에
흐르는 샘물을 마시곤 했을 것이다. 굴샘은 동굴 안 바위 틈에서 흘러 나와
파란 이끼를 적시고 떨어지는 샘물인 까닭에 물에 이끼 맛이 배어 있다.

| 찾아가는 길 |

88올림픽고속도로 해인사인터체인지로 나온다. 이곳에서 1033번 지방도로를 타고 12킬로미터쯤 오르면 해인
사 매표소가 나온다. 매표소에서 500미터쯤 가면 길가에 굴샘이 있고, 왼쪽으로 홍류동계곡 건너 농산정이 보
인다.

거창 지재미샘 | 경상북도 거창군 위천면 상천리

청정심 일깨우는 금원산의 양수

백두산(2750미터)에서 뻗어내려 남덕유산(1507미터)에 이른 백두대간은 동남쪽으로 지맥을 뻗어 월봉산(1279미터)을 일으키고, 동쪽으로 계속 여맥을 뻗어 금원산(1353미터)과 기백산(1331미터)을 세웠다. 그 금원산 계곡인 지재미골에 백두대간의 정기를 이어받은 샘이 있으니 바로 지재미샘이다.

지재미골에 있는 집들은 거의 허물어졌고, 한 채만 남은 허름한 집에는 마음을 수양하는 사람들이 살고 있다. 하지만 예전에는 화전민들의 집 수십 채가 있었을 법한 계곡의 아늑한 풍광이 제법이다.

지재미샘은 세상의 욕심을 등진 채 살아가는 이들의 정신을 맑게 유지시켜 주는 데 중요한 역할을 한다. 가섭암에서 도를 닦고 있던 한 수행자는 "지재미샘은 양수로서 달고 맛있다"고 자랑하였다. 원래 물맛이라는 것이 애매하고 다소 주관적이긴 하지만 지재미샘은 그가 자랑할 만한 맛을 지니고 있었다.

지재미샘을 찾아가는 길은 행복한 길이다. 지재미골 어귀에 덩그러니 서 있는 문바위와 금원산이 숨겨 놓은 보물인 가섭암지 마애삼존불상(보물 제530호)을 덤으로 만날 수 있고, 얼마 전 임도를 닦아 제법 산에 들기가 쉬워졌음에도 칡덩굴이 빌목을 잡을 징도로 깊은 산길은 매우 호젓하다. 세다가 지재미골을 흐르는 계류는 그냥 떠먹어도 될 만큼 깨끗하다. 금원 기백산은 제법 산세가 좋은데도 의외로 사람들의 발길이 드물기 때문에 아직 그 아름다움을 그대로 간직하고 있다.

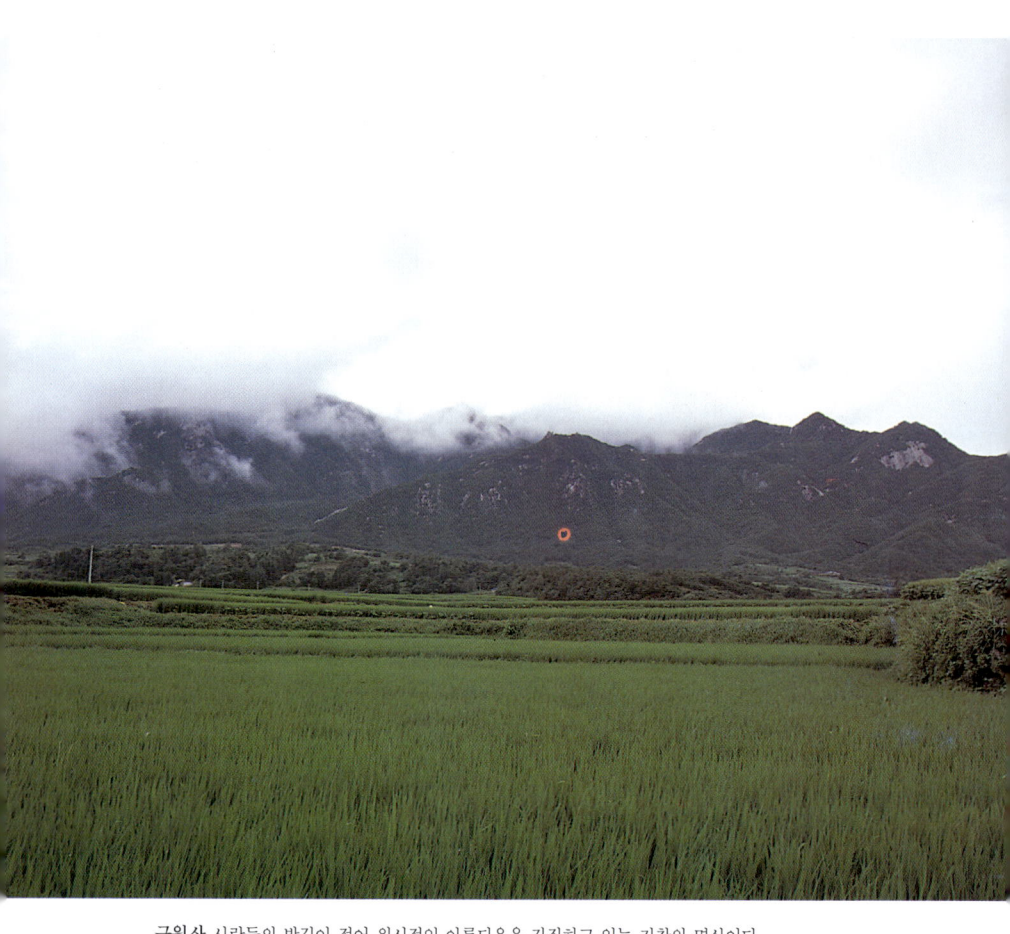

금원산 사람들의 발길이 적어 원시적인 아름다움을 간직하고 있는 거창의 명산이다.

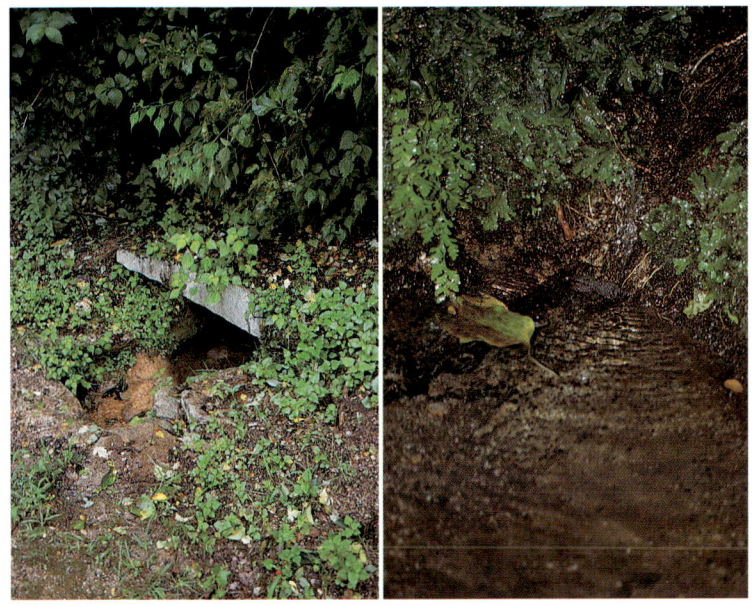

지재미샘 오염 되지 않은 깊은 산 속의 샘물이라 그런지 달고 맛있다.

    문바위는 높이와 폭이 20미터쯤 되는 거대한 바위 덩어리인데, 타원형이라 사람이 오를 수 없지만, 바위 꼭대기에는 신기하게도 10여 기의 돌탑이 있다. 또 가섭암 뒤 108계단을 걸어 올라 바위 덩어리 틈새로 들어서면 고려 초기에 제작된 마애삼존불을 만날 수 있다. 예전에는 삼존불 뒤쪽 차밭이 있던 자리를 에돌면 맛좋은 석간수가 있었지만, 관리가 잘 안 된 탓에 지금은 마시기 어렵다.

| 찾아가는 길 |

거창에서 37번 국도를 타고 신풍령(빼재) 방향으로 달리다 마리면 율리삼거리에서 좌회전한다. 4킬로미터쯤 가다 위천면소재지에서 금원산자연휴양림 팻말을 따라 다시 4킬로미터 가면 된다.

경주 분황사 삼룡변어정 | 경상북도 경주시 구황동

1300년간 원효의 정신 이어온 샘물

신라 선덕여왕 3년(634)에 건립한 분황사는 고승 원효가 머물렀던 사찰이다. 이곳에는 아들 설총이 원효의 유해로 소상(塑像)을 만들고 예배하니 돌아봤다는 원효의 고상(顧像)이 고려 말까지 안치되어 있었다고 한다.

분황사에 있는 석정(石井)은 신라시대에 만든 화강암 우물로 틀의 외부는 높이 70센티미터의 팔각형이며, 내부는 원형이다. 팔각형의 외부는 불교의 팔정도(八正道)와 원융(圓融)의 진리를, 우물 안의 사각형은 불교의 근본 교리인 사성제(四聖諦)를 뜻한다. 이 석정을 '삼룡변어정(三龍變魚井)'이라 하는데 다음과 같은 이야기가 『삼국유사』에 전한다.

왕(원성왕)이 즉위한 11년(795) 을해에 당나라 사자가 서울에 와서 한 달 동안 머물다 돌아갔다. 그후 하루 만에 두 여인이 내정(內庭)에 나와서 아뢰었다.

"저희들은 동지(東池), 청지(靑池)에 있는 두 용의 아내인데 당나라의 사자가 하서국(河西國) 사람 둘을 데리고 와서 우리 남편인 두 용과 분황사(芬皇寺) 우물에 있는 용을 저주하여 모습을 작은 고기로 바꾸어서 통 속에 넣어 돌아갔습니다. 부디 폐하께서는 우리 남편들인 호국룡(護國龍)을 여기에 머물도록 해주십시오."

왕은 하양관(河陽館)까지 쫓아가서 친히 연회를 베풀고 하서국 사람에게 명령했다.

'너희들이 어찌하여 우리
나라의 세 용을 잡아서
이곳까지 왔느냐? 만약
사실대로 아뢰지 않으면
사형에 처하겠다."
하서국 사람이 그제야 세
고기를 왕에게 바쳤다.
왕이 물고기를 받아 돌아
와서 우물에 넣었더니 물
이 한 길이나 솟구치고
춤을 추며 다시 우물 속
으로 들어갔다.

이때부터 팔각정을 삼룡변어
정이라 했다.
원효가 『화엄경소(華嚴經
疏)』와 『금광명경소(金光明經
疏)』를 지은 분황사 삼룡변어

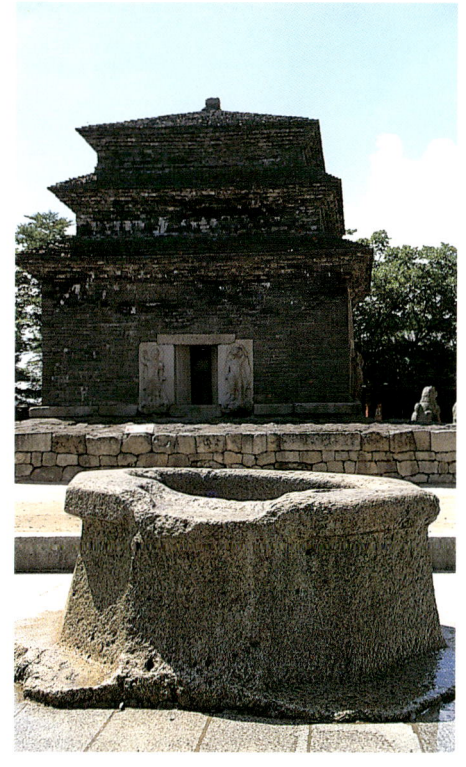

삼룡변어정과 모전석탑(국보 제30호)

정은 1300여 년간 변함없이 솟
구치고 있다. 또 신라 최고의 화가였던 솔거가 분황사에 머물 때「관음보살
도(觀音菩薩圖)」를 그리며 목을 축이기도 한 유서 깊은 샘물이다.

| 찾아가는 길 |
경주에서 4번 국도를 타고 감포 방향으로 3킬로미터쯤 가면 오른쪽에 분황사가 있다.

김천 과하천 | 경상북도 김천시 남산동

김천의 명주 과하주를 빚는 샘물

백두대간을 넘는 이름난 고개로는 영주와 단양 사이의 죽령, 괴산과 문경 사이의 조령, 영동과 김천 사이의 추풍령을 손꼽아 왔다. 이 가운데 조령은 조선시대까지만 해도 나라에서 제일 붐비는 고개였다. 하지만 1905년 경부선 철도가 추풍령으로 지나가면서 조령으로 통과하던 교통량이 모두 추풍령으로 흡수되었다. 게다가 1970년 개통된 경부고속도로 역시 추풍령을 지나게 되자 이곳은 나라 대동맥으로서의 위치를 더욱 확고히 하게 되었다. 또 4호선 국도와 예전에 이용하던 소로까지 갖춘 추풍령은 예부터 현재까지의 교통로 발달 과정을 한눈에 살필 수 있는 중요한 고개가 되었다.

조선시대 유생들이 과거를 보러 갈 때 추풍령 당마루를 넘으면 낙방한다 하여, 마음 약한 유생들은 추풍령 남쪽의 궤방령(혹은 괘방령)을 넘었다고 한다. 그 추풍령 아래쪽에 있는 고장이 김천이다.

김천이라는 이름은 옛날 이곳에 금이 난다는 금지천(金之泉)이라는 샘이 있었던 데서 유래한다. 임진왜란 때 명나라 장수 이여송이 이곳을 지나다가 금지천 샘물맛을 보고 자기 고향 금릉 땅의 과하천 물맛과 같이 좋다 하여, 이후 과하천(過夏泉)이라고 불렀다.

과하천은 물맛이 뛰어났으며 또한 이 물로 담근 과하주는 다른 샘물로는 도저히 그 맛을 흉내낼 수 없는 명주였다고 한다. 과하주의 명성이 날로 높아져 임금에게까지 진상되기도 했다. 그러나 한양으로 보내는 양이 점차 많아지고, 이로 인해 여러 가지 화근이 생기자 주민들이 샘을 메워 버렸다고 한다.

겨우 명맥을 이어나가던 과하주의 생산은 일제 말기에 완전히 중단되었다. 그후 50여 년 만에 과하주 만드는 솜씨를 경상북도 무형문화재로 지정하고 다시 생산하기 시작했다. 현재는 황학산 직지사 들머리인 동쪽 산자락 대항면 향천리 기날못 앞에 양조장을 짓고 과하주를 생산하고 있다.

이렇듯 과하천은 김천의 상징이라고 할 수 있는 샘물이지만 현재는 뚜껑을 덮어 놓아 물맛을 떨어뜨리고 있다. 과하주를 빚는 회사에서 펌프로 물을 퍼 가고, 인근 주민들도 이 물을 펌프로 길어 쓰지만 예전의 그 명성은 많이 잊혀져 아쉬움이 남는다.

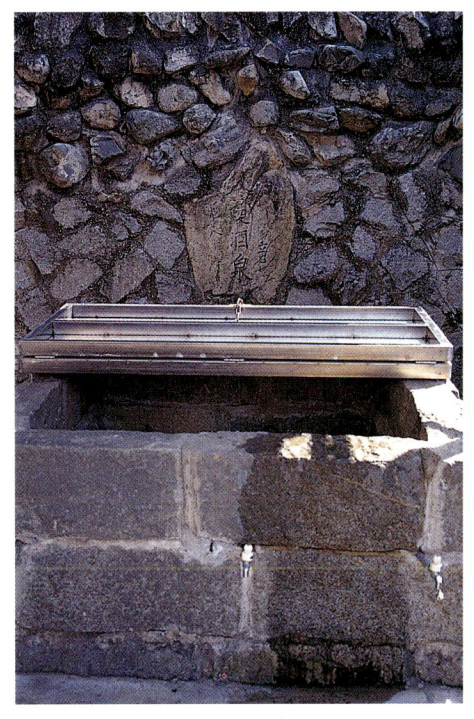

과하천 김천의 명주인 과하주를 빚을 때 쓰는 샘물이다.

| 찾아가는 길 |

과하천을 찾으려면 마을길을 따라가야 하고, 안내 팻말도 없어 어려움을 겪는다. 남산2동 동사무소(0547-420-6519)에 문의하면 친절하게 안내해 준다. 동사무소에서 골목길을 따라 10분쯤 올라가야 한다.

문경 조령약수 | 경상북도 문경시 문경읍 상초리

영남 선비와 장사꾼들의 애환을 달래 주던 샘물

> 문경새재 물박달나무
> 홍두깨 방맹이로 다 나간다
> 홍두깨 방맹이 팔자 좋아
> 큰애기 손질에 놀아난다
> 문경새재 넘어갈 제
> 구비야 구비야 눈물이 난다

영남을 오가는 길손들이 문경새재를 넘어가며 부르던 이 민요는 가사에 해학이 넘쳐 웃음이 절로 나온다. 문경새재는 조선시대에 영남 지방의 세금이나 공물을 한양으로 보내던 중요한 길이었다. 선비나 장사꾼들도 낙동강 수로를 따라 문경까지 와서 새재를 넘어 충주에서 남한강 뱃길을 따라 한양으로 갔던 것이다.

문경새재 고갯마루인 조령3관문 조령관 옆에 있는 조령약수는 새재를 넘나드는 사람들의 타는 목을 축여 주던 중요한 샘물이었다. 많은 사람들의 애환을 간직하고 있는 조령약수는 높은 지역에 있으면서도 한겨울에도 절대 얼지 않으며, 한여름엔 얼음같이 차가운 물을 제공했다. 약수 근처에는 조령약수를 지켜 주는 산신각도 있다.

새재는 해발 642미터 높이의 천연 요새임에도 몽고나 왜적의 침입 때 제대로 방어된 적이 없다. 임진왜란 때 부산포에 상륙한 왜적은 13일 만에 새재를 넘어, 충주 탄금대에 배수진을 친 신립의 조선군을 전멸시켰다. 이렇게 허무하게 패하고도 새재에 산성과 관문이 들어선 것은 임진왜란을 겪은지 100년도 더 지난 1708년이었다.

임진왜란 이후 상주에 있던 경상도 감영이 대구로 옮겨 가면서 쇠퇴하기 시작한 새재는 1905년 경부선이 개통되자 추풍령에 중요한 길목을 내줬다. 그나마 1925년 괴산으로 이어지는 이화령에 신작로가 뚫리면서 새재는 역사와 전설만 간직한 채 버려진 길이 되고 말았다. 그러다가 1970년대 중반 문경시에서 퇴락했던 관문을 복원하고 팔왕폭포와 여궁폭포, 원터 등을 개발했다. 사적지로 지정된 요즘 새재에는 3개의 관문, 경상감사가 직인을 주고받았던 교구정터, 객사가 있던 조령원터 등 많은 유물과 유적지가 있어 평

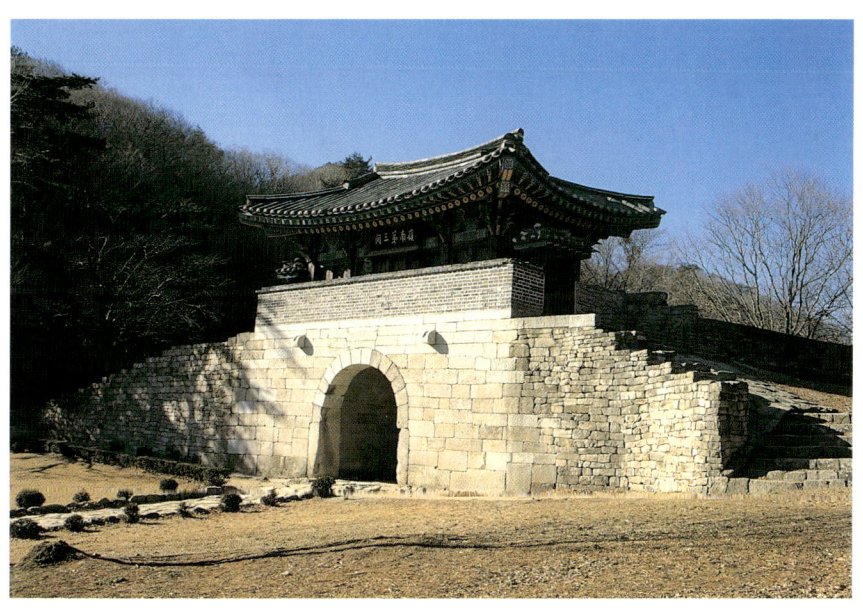

조령관 포장하지 않은 자연 그대로의 흙길을 따라 걷다 보면 마지막 고갯마루에서 조령관을 만날 수 있다.

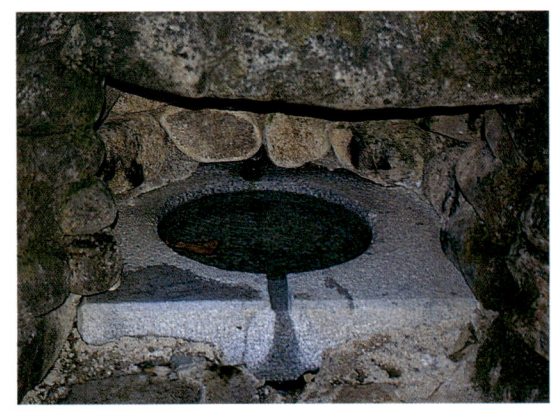

조령약수 문경새재를 넘나들던 선비와 장사꾼들의 목을 축여 주었던 중요한 샘물이다.

일에도 많은 관광객들의 발길이 이어진다.

문경새재의 멋은 걷는 데 있다. 발이 시리도록 걷고 싶은 자연 그대로의 흙길이 거기에 있다. 문경시에서 문경새재를 복원할 때 도로를 포장하지 않고 비포장으로 남겨 두었기 때문이다. 옛맛을 그대로 간직하고 있어, '우리나라에서 가장 걷고 싶은 길'로 꼽히는 영광을 누렸다. 그 길을 천천히 걸어 조령관까지 올라가며 누리는 행복, 고갯마루에 조령약수가 있어서 그 행복은 두 배가 된다.

| 찾아가는 길 |

3번 국도 문경 조령초등학교 앞 삼거리에서 이정표를 따라 4킬로미터 가면 집단시설지구가 나온다. 매표소를 지나 새재 고갯마루까지는 9킬로미터. 도중에 주흘관, 조령원터, 조곡관, 조령관 등 볼거리가 무궁무진하다.

전라도

다산초당 약천 │ 전라남도 강진군 도암면 만덕리

다산 정약용의 실학정신 우러나는 샘물

해마다 봄이면 성숙한 여인의 순정처럼 붉은 동백이 지천으로 피어나는 남도 땅 강진. 붉은 동백숲이 유난히 아름다운 만덕산(409미터) 자락에 다산 정약용 선생의 유배지였던 다산초당과 선생이 차를 끓일 때 애용하던 약천(藥泉, 다천이라고도 한다)이 있다.

다산은 강진에서 보낸 18년의 귀양살이 가운데 10년 정도, 먼 친척뻘 되는 해남 윤씨 자손인 윤단의 세 아들로부터 스승으로 초대 받아 이곳 초당에서 지내게 되었다. '다산(茶山)'은 원래 귤동마을 뒷산인 만덕산에 차나무가 많아 붙여진 별명으로, 정약용은 이 만덕산 자락의 초당에 머물면서 자신의 호를 다산이라 했다.

초당 좌우에 지은 동암과 서암은 정약용과 제자들이 나누어 사용하고 가운데 초당은 교실로 썼다. 하지만 기약 없는 귀양살이로 가족에 대한 그리움이 일 때마다 다산은 천일각에 올라 구강포를 바라보며 마음을 달래곤 했다. 천일각 뒤로 난 오솔길은 다산이 고개 너머 백련사의 혜장선사와 만나기 위해 오가던 길이다.

다산은 이곳으로 오면서 생활의 안정을 얻어 학문에 몰두하는 한편 본격적으로 차 생활을 즐겼다. 차를 무척이나 사랑했던 다산에게 차나무 많은 만덕산은 마음의 위안을 안겨 주었을 것이다.

다음은 다산이 당시에 읊은 시이다.

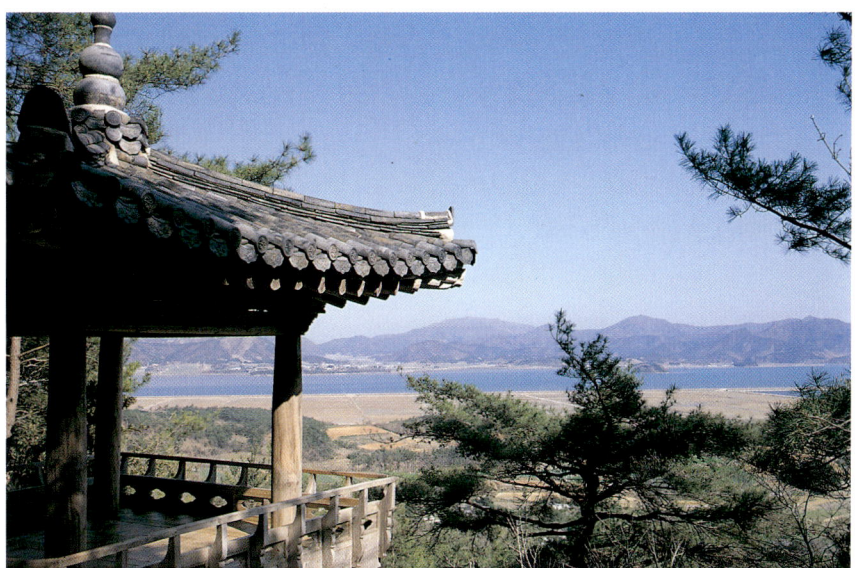

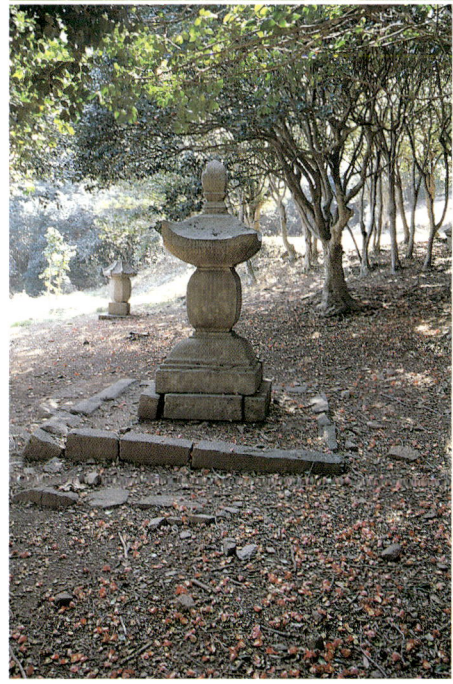

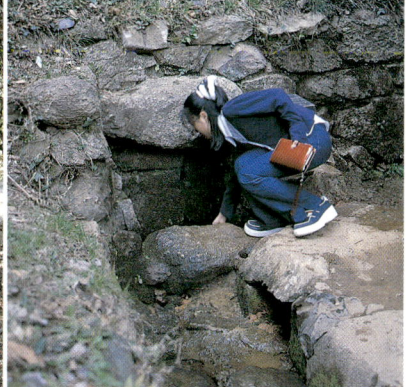

천일각 다산이 고향이 그리울 때면 올라가 구강포를 바라보며 마음을 달래곤 했던 곳이다.(위)

백련사 동백숲과 부도 해마다 봄이 되면 붉은 동백이 지천으로 피어 장관을 연출한다.(아래 왼쪽)

다산초당 약천 차를 사랑했던 다산이 차를 끓일 때 이용했던 샘물로 여전히 맑은 물이 솟구쳐 오른다.(아래 오른쪽)

산골 물 차가운 소리 대밭에 감싸이고

봄 기미는 뜨락의 매화가지에 감도네

아름다운 가락이 이 속에 있으련만 달랠 곳이 없어

여러 번 어정거리다 마네

산의 정자엔 도시 쌓아 둔 책은 없고

오직 이 와경과 수경뿐이라네

새 비가 내린 귤숲은 자못 아름답구나

바위 샘물을 손수 떠서 찻병을 씻네

약 절구질 잦아지니 번거로운 곰팡이는 없건만

드물게 달이는 차풍로엔 먼지만 있네

  시에 나오는 '바위 샘물'은 당연히 약천을 일컫는다. 다산은 교유하던 백
련사 혜장선사에게도 "목마르게 바라노이 부디 선물을 아끼지 말기를" 하며
걸명소(乞茗疏)를 올릴 정도로 차 생활에 깊이 빠져들었다.
  다산초당에는 정약용이 즐기던 차 생활의 4가지 보물이 있으니 바로 정석
(丁石), 차 부뚜막, 약천, 연지석가산(蓮池石假山)이다. 다산초당 뒤꼍 모롱
이에 있는 약천에서는 다산이 차를 즐기던 당시와 다름 없이 맑은 샘물이
솟구쳐 나온다.
  귀양살이할 때는 다산초당을 찾아와 차를 같이 마실 이 드물었으나, 200
년 가까이 지난 요즘은 뜨락의 차 부뚜막이 닳을 정도로 많은 답사객들이
찾아 약천 샘물을 마시며 다산의 실학 정신을 되새기고 있다.

| 찾아가는 길 |
강진읍내에서 18번 국도를 타고 해남 쪽으로 2킬로미터쯤 가다가 학명리에서 좌회전한다. 여기에서 이정표를
따라 7킬로미터쯤 더 가면 다산초당으로 올라가는 만덕리 귤동마을 앞이다.

구례 천은사 감로천 │

정신을 맑게 해 주는 지리산의 '이슬'

천은사(泉隱寺)는 물이 숨었다는 지리산 자락의 고요한 산사이다. 이광사의 글씨가 걸려 있는 일주문을 지나면 노고단의 차디찬 계곡물이 담겨 있는 천은 지가 나오고, 이내 천은사의 유래를 전해 주는 감로천(甘露泉)이 반긴다.

창건 무렵 절 앞뜰에는 '정신을 맑게 해 준다'는 감로천이 있어 절의 이름도 감로사라 했다. 감로사는 고려시대에 남방 제일 선찰로 승격했고, 임진왜란 때 완전히 불탔으나, 1678년 중건하여 이름을 천은사라 했다. 절의 이름을 바꾼 이유는 절을 중건할 때 마을 사람들(승려라고도 함)이 감로수를 지켜 주던 구렁이를 죽인 후 감로수가 말라 버렸기 때문이라고 한다.

절 이름을 바꾼 뒤 이 절에는 원인을 알 수 없는 화재가 자주 일어났고, 마을 사람들은 샘의 수기(水氣)를 지켜 주는 뱀을 죽였기 때문이라고 두려워했다. 그러자 조선시대 4대 명필의 한 사람인 이광사가 '지리산 천은사(智異山 泉隱寺)'라는 글씨를 써서 그 현판을 일주문에 걸게 했고, 이후로는 화재가 일어나지 않았다고 한다. 이광사의 글씨에는 그야말로 물 기운이 역력한데, 고요한 새벽녘 일주문에 귀를 대면 현판 글씨에서 물 흐르는 소리가 들린다고 한다.

천은지로 흐르는 계류와 어우러져 제법 운치 있는 수홍루를 지나, 불당으로 오르는 계단 왼쪽에 커다란 석조가 있다. 천년 전에 사라진 감로수가 그러했듯이 숨은 도를 찾으려는 사람들의 갈증을 달래 주는 샘물이다. 하지만 석조는 너무 거창해 '사람이 물그릇에 압도당하는 꼴'이 되고 말아 아쉽다. 오히려

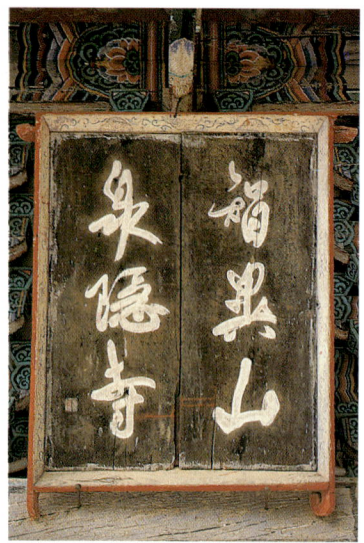

감로천 옆 찻집 앞에는 원래의 감로수를 닮은 듯한 자그마하고 예쁜 샘물이 있어 수객(水客)의 아쉬움을 달래 준다.

| 찾아가는 길 |

남원에서 19번 국도를 타고 구례 방향으로 간다. 24킬로미터쯤 가면 천은사로 해서 성삼재 가는 갈림길이 나온다. 여기서 6킬로미터쯤 가면 왼쪽으로 천은사가 보인다.

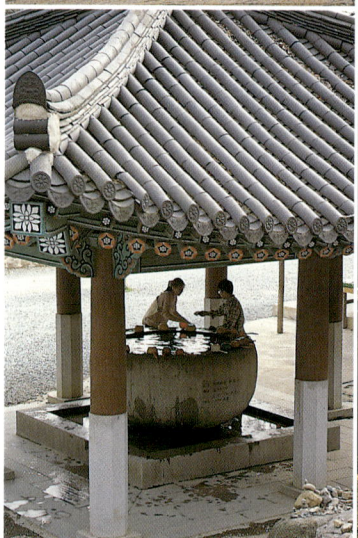

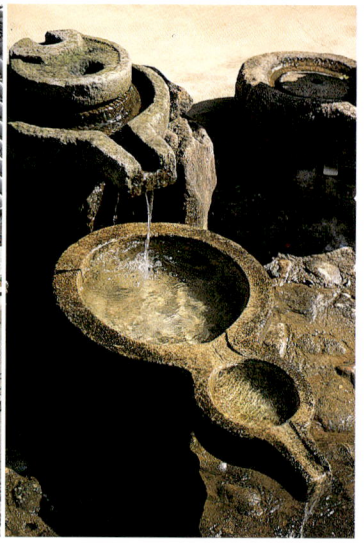

천은사 일주문의 현판 조선의 4대 명필 가운데 한 사람인 이광사가 쓴 것으로 이것을 일주문에 건 후에는 더 이상 절에서 화재가 나지 않았다고 한다.(위)
천은사 감로천 샘물이 담겨 있는 석조가 너무 커 물을 마시는 사람까지 압도하는 것이 아쉽다.(아래 왼쪽)
찻집 앞의 샘물 천은사 옆에 있는 찻집에서 찻물로 쓰는 작고 예쁜 샘물이다.(아래 오른쪽)

구례 상사마을 당몰샘 |

장수의 근원인 지리산 약초 뿌리 녹은 샘물

80세 이상의 노인이 마을 인구의 14퍼센트나 되는 상사마을은 우리나라의 대표적인 장수 마을이다. 마을에 있는 노인정에 6, 70세 된 노인들만 자리 잡은 날은 "젊은이들만 모였군" 하고 우스갯소리를 할 정도라고 한다. 상사마을 사람들은 "지리산의 아름다운 산세에 묻혀 살면서 협동하고, 술도 적당하게 하며, 즐거운 마음으로 노동하기 때문"이라고 장수의 비결을 설명한다.

물론 산세 아름다운 지리산 자락에서 사는 덕이겠지만, 마을 주민들의 장수의 원천은 바로 '지리산 약초 뿌리 녹은 물이 다 흘러든다'는 당몰샘(당물샘이라고도 한다)에 있다. 푸른 대나무숲에 둘러싸여 있는 샘 부근의 지명이 '당몰'이라 당몰샘이라 부른다.

당몰샘은 1986년 고려대학교 예방 의학팀의 수질 검사 결과, 대장균 없는 최상의 물로 판명됐다 하니 장수의 비결이 물에 있었음을 알 수 있다. 그래서 예전에 콜레라가 온 나라를 휩쓸었을 때 인근 주민들은 '안 죽는 물'인 당몰샘을 찾아 이 마을로 피신 왔다고 한다.

당몰샘은 잡수(雜水)가 끼어들 틈이 없어 물맛이 매우 청정하다. 여름에는 손을 담글 수 없을 정도로 차고, 엄동설한에는 샘에서 김이 모락모락 난다고 한다.

한국관광공사가 추천한 우리나라 청정 약수터 7곳에 당당히 포함되기도 한 당몰샘은 인근 마을은 물론이고, 서울이나 광주 등지에서도 지리산에 들

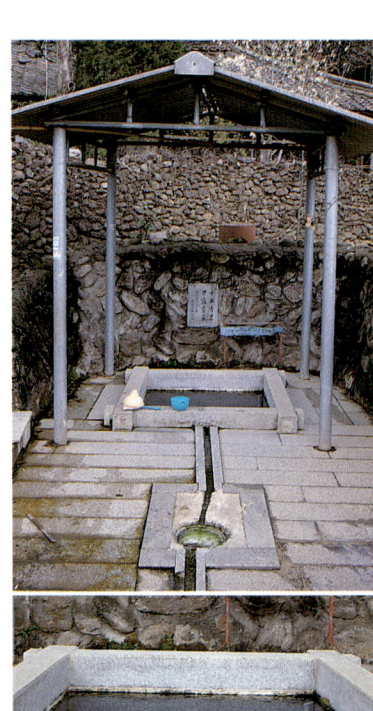

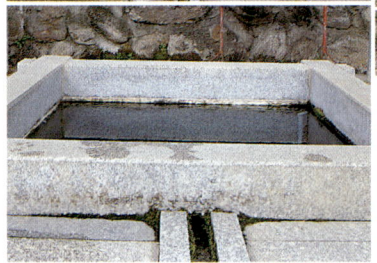

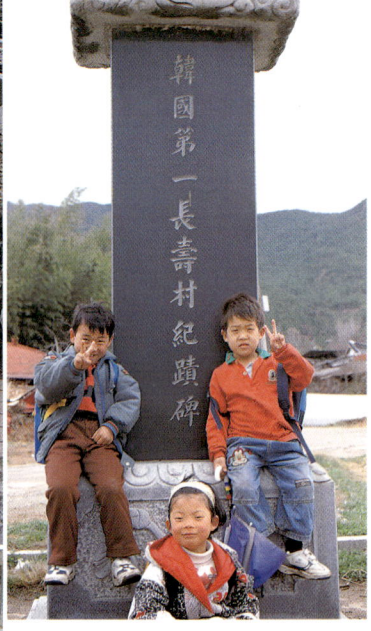

상사마을 당몰샘 수질 검사에서 대장균 없는 최상의 물로 판명되기도 한 당몰샘의 물맛은 매우 청정하다.(왼쪽 위·아래)
한국 제일 장수촌 기념비 상사마을 들머리에 서 있는 이 표석에서 당몰샘을 사랑하는 마을 사람들의 마음을 읽을 수 있다.(오른쪽)

렀다가 이곳에 와서 대여섯 통이나 채워 갈 만큼 유명한 샘물이다. 상사마을 들머리에는 '한국 제일 장수촌 기념비'가 우뚝 서 있어 당몰샘을 사랑하는 마을 사람들의 마음을 어렵지 않게 읽을 수 있다.

| 찾아가는 길 |

구례에서 18번 국도를 타고 화엄사 방향으로 3킬로미터 가면 마산면사무소 여기서 우회전해 1.5킬로미터 가면 장수촌 기념비가 서 있는 상사마을 앞이다.

구례 화엄사 옥천 | 전라남도 구례군 마산면 황전리

융합의 화엄사상 일깨우는 샘물

화엄사는 지리산에 있는 여러 이름난 사찰 가운데 가장 크고 장엄한 절이다. 경내에 들어서면 우람한 몸집의 각황전(국보 제67호)이 보는 이를 압도한다. 이층의 정면 7칸, 측면 5칸의 팔작지붕을 한 각황전은 우리나라에 남아 있는 목조건물 가운데 가장 큰 것이다. 집을 받들고 있는 석조 기단만해도 30여 미터에 이르는 각황전은, 지리산의 굳센 맥을 누그러뜨리기 위해 세웠다고 한다.

각황전 뒤쪽 언덕에 있는 석탑은 인간 세상의 희로애락을 상징하는, 네마리의 돌사자가 탑을 받치고 있는 3층석탑이다. 이 사자들의 가운데에는 합장을 하고 서 있는 승상(僧像)이 조각되어 있는데, 절에 내려오는 전설에 따르면 신라시대 고승 자장법사의 모습이라고 한다. 또 화엄사를 창건한 연기조사가 세상을 떠난 어머니에게 효심을 바치려고 세운 것으로, 승상은 연기조사의 어머니요, 그 2미터쯤 앞에 서 있는 삼발 석등 아래 무릎 하나를 세우고 합장하는 공양상은 연기조사라고도 한다.

화엄사에는 각황전과 각황전 바로 앞뜰의 거대한 석등, 사자석탑 등 3점의 국보가 있으며, 동·서 5층석탑, 대웅전 등 보물 5점, 올벗나무인 천연기념물 1점, 지방문화재 3점, 사찰문화재 29점 등 수많은 문화재가 널려 있는 불교 문화재의 보고이다.

화엄사는 쌍계사와 함께 우리나라에서 차를 처음으로 재배한 곳이자 전통적인 차 문화의 중심지이다. 그래서 산자락에는 항상 은은한 차향이 떠다닌

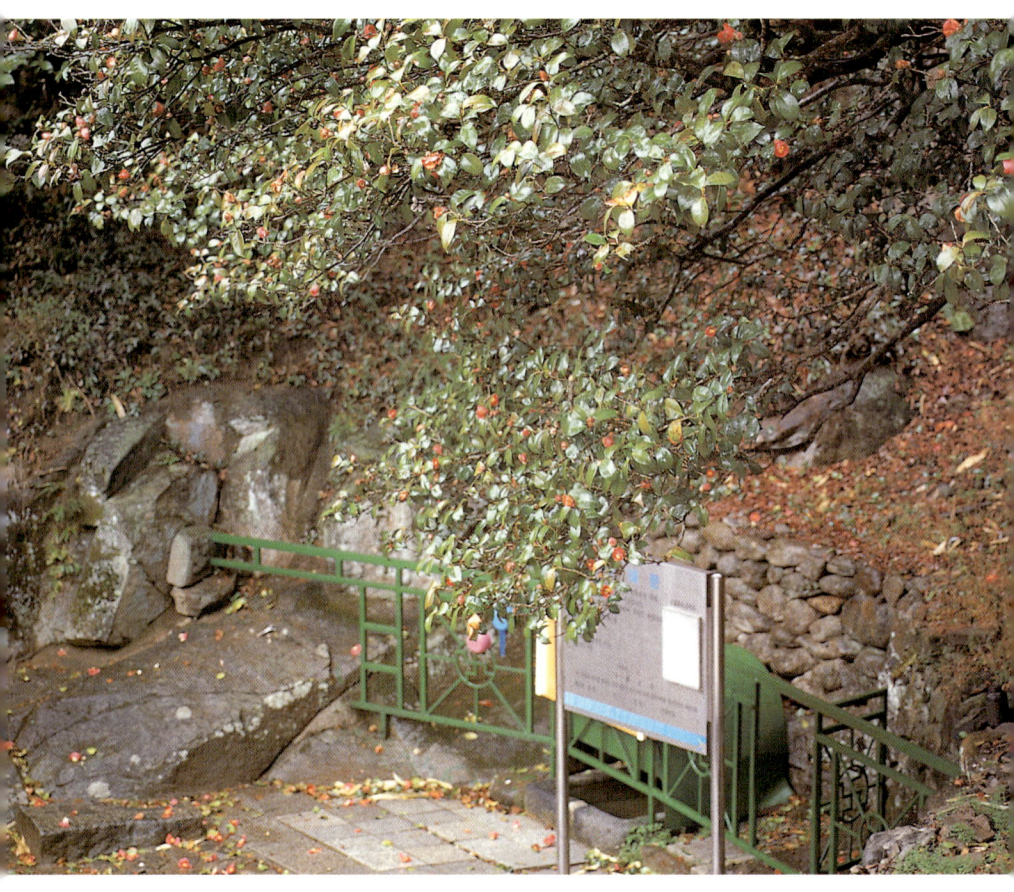

붉은 동백과 화엄사 옥천 차향과 동백꽃이 어우러진 화엄사는 전통적인 차 문화의 중심지이다. 그 전통을 지켜 온 것이 바로 화엄사 옥천의 깊은 물맛이다.
구례 화엄사 지리산 자락의 이름난 사찰 가운데 가장 크고 장엄한 절이다.(옆면)

다. '물은 차의 체(體)'라는 말이 있다. 즉 차의 맛은 물에 있다고 했으니, 차의 시배지(始培地)임을 자랑할 때는 차뿐 아니라 물맛도 함께 내세울 수 있어야 한다.

범종각 북서쪽 산자락의 울창한 동백숲 아래에서 솟는 옥천이 바로 화엄사 차맛의 전통을 지켜 온 중요한 샘물이다. 귀한 샘물이라 이름도 '구슬 옥(玉)' 자를 썼다. 요즘도 스님들은 차를 달일 때 이 물을 쓴다고 한다. 붉은 동백 뚝뚝 목이 꺾이는 봄날, 동백숲에서 지저귀는 새소리 들으며 마시는 물은 달고 깊다.

우주의 모든 사물이 끝없는 시간과 공간 속에서 하나로 융합하고 있다는 화엄사상의 깨우침. 차나무, 동백나무 어우러진 숲 속에서 솟는 맑은 샘물을 마시고 그 이치를 깨달을 수 있다면.

| 찾아가는 길 |
구례에서 19번 국도를 타고 하동 쪽으로 1킬로미터 가면 화엄사 가는 삼거리가 나온다. 여기에서 좌회전해 6킬로미터 가면 왼쪽에 화엄사가 있다. 옥천은 범종각 북서쪽 산자락에 있다.

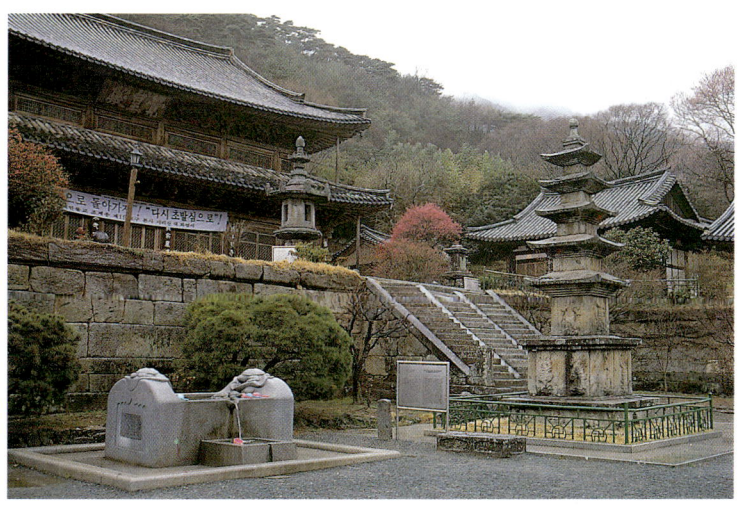

순천 낙안읍성 돌샘 | 전라남도 순천시 낙안읍 동내리

'낙안 사삼주' 빚는 낙안읍성의 큰샘

조선시대 의성 허준은 『동의보감』 「논수품」에서 물을 그 성질에 따라 33종으로 나누어 용도를 설명할 정도로 세심하게 분석하였다. 이 책에서 허준은 성안의 샘물을 하급으로 치고 있는데, 아마도 사람의 내왕이 많은 장소라 생활 오수에 오염되었을 확률이 높아서 그랬을 것이다.

그러나 우리나라 성안에는 제법 깨끗하고 이름있는 샘들이 적지 않다. 임경업 장군이 하루 만에 쌓았다는 전설이 있는 순천 낙안읍성(사적 제302호)의 돌샘은 성안 마을 한가운데 있지만, 나무가 빼곡하게 들어찬 언덕에서 흘러와 고였다가 흐르는 물이기 때문에 오염 걱정은 없다. 낙안읍성 안에는 몇 개의 샘이 있지만 고을 수령은 물론 마을 사람들이 대부분 이 돌샘의 물을 주로 썼다고 한다. 그래서 큰샘이라고도 한다.

낙안 사삼주(紗蔘酒)는 바로 이 돌샘의 물로 맛을 낸 전통주로서, 구전으로 전해 내려오던 옛 제조 방식을 그대로 따르고 있다. 독특한 맛과 향으로 사랑받는 사삼주는 지리산과 조계산 일대에서 자생하는 더덕을 채취해 제조하던 남도의 전통주였다. 해방 후 정부의 밀주 단속으로 사라졌다가, 1983년 낙안의 박형모 씨에 의해 되살아났고, 지금은 그의 아들인 박장호(37세) 씨에 의해 전통이 유지되고 있다.

돌샘을 품고 있는 낙안읍성 성곽에 오르면 드넓은 낙안벌 너머로 북쪽은 진산인 금전산(682미터), 동쪽은 좌청룡인 오봉산(592미터), 서쪽은 우백호인 백이산(584미터), 그리고 백이산에서 동남쪽으로 얌전히 흘러내린 안산

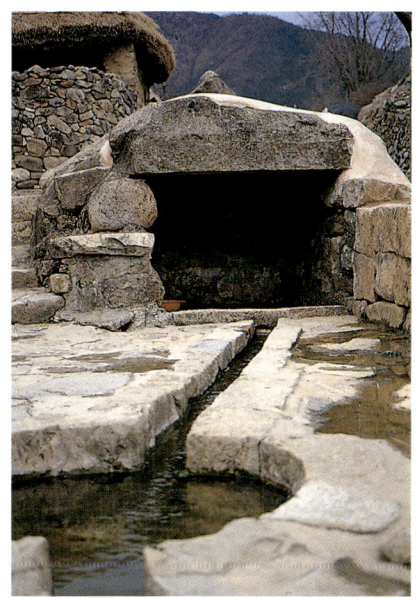

낙안읍성 돌샘 예전에는 고을 수령은 물론 대부
분의 마을 사람들이 주로 이 샘물을 사용했다고
한다.

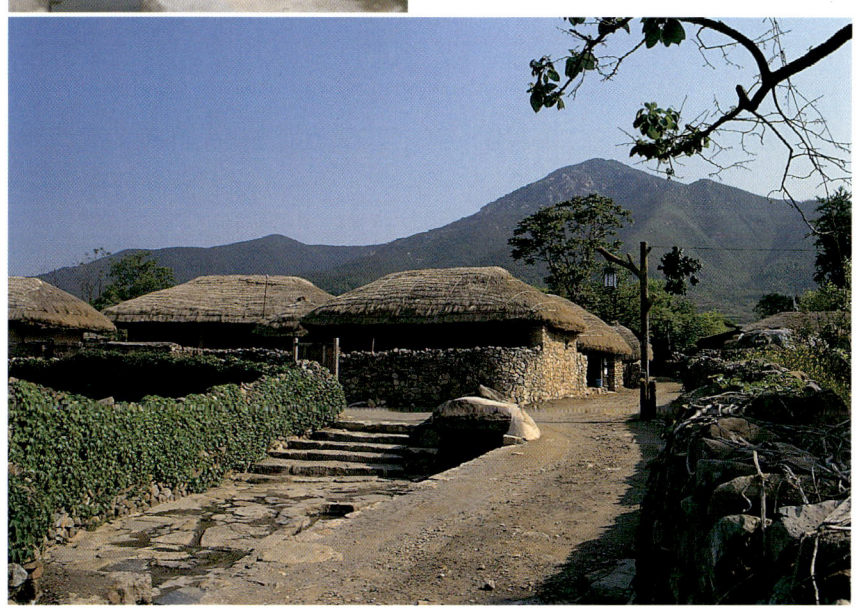

인 옥산(97미터)이 포근하게 감싼, 아늑한 고을이 한눈에 들어온다. 하천은 금전산 동남에서 흘러 들어오는 동내와 서남에서 흘러 나오는 서내가 있는데, 모두 성곽의 바깥 동면을 따라 흘러 옥산 앞을 지나 들판을 훑고 바다로 이어진다. 풍수로 보면 '옥녀 산발형'의 명당이라 한다.

성안을 보면 주변의 산세와 조화를 이루며 움을 틀고 있는 100여 채의 초가가 사랑스럽다. 나지막한 돌담 한쪽에 드문드문 주차해 놓은 차들만 없다면 영락없이 조선시대의 모습이다. 그래도 초가집 사이로 푸릇푸릇 피어나는 새싹들이 있어 '조선의 봄'이 이렇게 왔겠구나, 하고 느끼기에는 부족함이 없다.

성안의 문화재로는 성안 폐사지, 임경업 장군 비각, 낙안객사, 상송리불상, 낙안석불, 낙안향교, 충민사, 낙안성, 낙안 금문사지삼층석탑, 낙안 금문사지석불입상 등이 있다.

| 찾아가는 길 |

순천에서 2번 국도를 타고 3킬로미터쯤 가면 오른쪽으로 58번 지방도가 나온다. 이 길을 따라 18킬로미터쯤 가면 낙안읍성 민속마을이 나온다. 돌샘은 낙안읍성 남문 근처에 있다.

승주 선암사약수 | 전라남도 순천시 승주읍 죽학리

아름다운 화원에서 샘솟는 선암사의 '보물'

영화 '아제아제 바라아제'의 무대가 되기도 했던 선암사. 같은 조계산 자락에 있으면서 승보 사찰인 송광사에 비해 비교적 덜 알려지긴 했지만, 절집의 아늑한 맛은 송광사를 능가하는 매력으로 꼽힌다.

선암사는 이른 봄의 매화가 아름답다. 특히 활짝 피었던 꽃이 지는 늦봄엔 절 전체가 온통 화원이 된다. 뜨락에 연분홍 꽃잎이 떨어져도 누구 하나 쓸어 내는 사람이 없다. 그대로 놓고 볼 뿐이다. 떨어진 꽃잎은 자그마한 연못에서 다시 피어난다. 꽃 이파리 떠 있는 연못은 차라리 한 송이 큰 연꽃으로 착각할 정도이다. 지는 꽃도 아름답고, 떨어진 꽃잎도 아름답다는 것을 이곳에 오면 알게 된다. 속인의 짧은 생각으로는, 어찌 스님들 공부가 될까 싶을 정도로 화사한 봄 경치를 선사하는 곳이 바로 선암사이다.

선암사에는 800년 전통의 자생 다원이 있으니, 당연히 선암사엔 맑고 그윽한 샘물이 넘쳐 흐른다. 게다가 경내 곳곳에 있는 샘물에는 어김없이 봄꽃이 그늘을 드리우고 있어 물맛을 더한다. 한 모금 입에 물면 마치 꽃잎을 머금은 듯 입 안 가득 꽃내음이 퍼진다.

선암사는 542년(신라 진평왕 3) 아도화상이 창건하여 비로암이라고 했다는 설과, 875년(헌강왕 5) 도선국사가 창건하여 선암사라고 했다는 등 여러 가지 설이 있다. 절 서쪽에 신선이 바둑을 두던 평평하고 큰 돌이 있어 이름을 선암사(仙巖寺)라 했다고도 한다.

선암사의 멋은 맑디맑은 계류 위에 걸린 승선교(昇仙橋, 보물 제400호)에

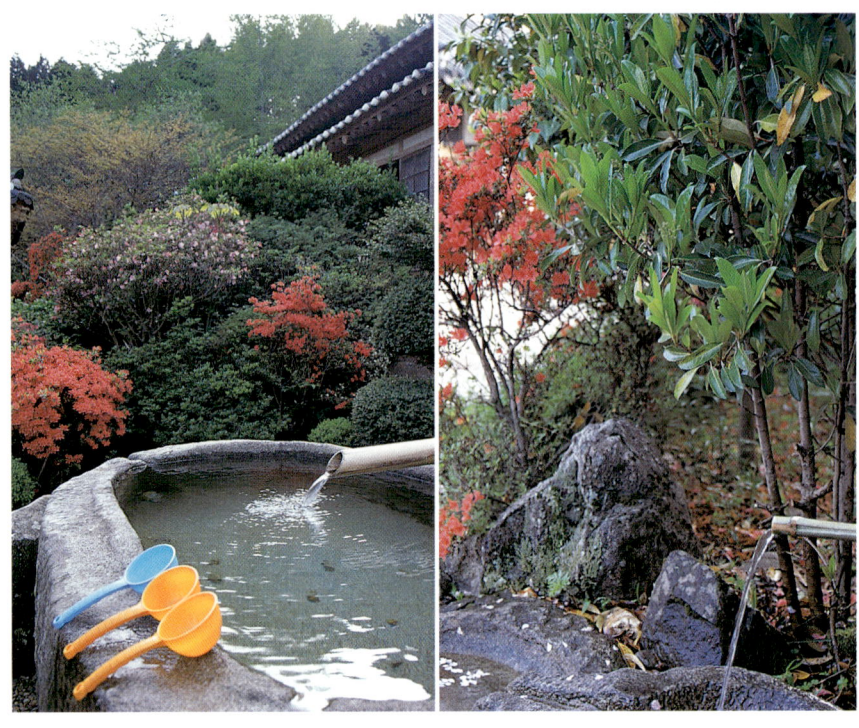

선암사 약수 한 모금 들이키면 입 안 가득 꽃내음이 풍겨올 듯하다.

있다. 예전에는 선암사로 가려면 반드시 이 다리를 건너야 했지만, 개울 가로 새 길이 나면서 승선교를 건너지 않고도 선암사로 들 수 있다. 승선교에는 다음과 같은 전설이 전한다.

1698년 호암대사가 관음보살 뵙기를 바라며 백일 기도를 하였다. 그러나 기도가 소용없자 낙심한 대사가 벼랑에서 몸을 던지려 하는데, 한 여인이 나타나 대사를 구하고 사라졌다. 대사는 자신을 구해 준 여인이 관음보살임을 깨닫고 원통전을 세워 관음보살을 모시는 한편, 절 입구에 아름다운 무지개다리를 세웠으니 이것이 바로 승선교이다.

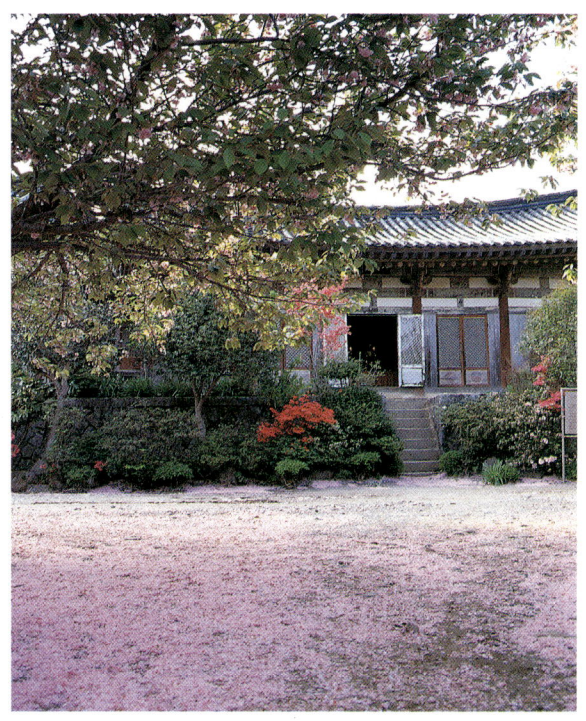

선암사 늦봄이면 절집 전체가 온통 화원으로 변해 화사하고 운치 있는 경치를 선사한다.

이 외에도 선암사에는 신라시대 이중 기단 양식의 동·서 3층석탑과 화엄종 대가의 초상화인 대각국사 진영, 10세기경 8각원당형 양식의 동·북부도 등 보물 7점과 장엄하고 화려한 대웅전, 팔상전, 원통전, 금동향로, 일주문 등 지방문화재 11점을 포함해 18점의 문화재가 소장되어 있다.

| 찾아가는 길 |

호남고속도로 승주인터체인지로 빠져 나와 상사호수 서쪽의 832번 지방도를 타고 7킬로미터쯤 가면 선암사가 나온다.

영암 성천 | 전라남도 영암군 군서면 동구림리

월출산 정기로 왕인박사 길러 낸 성스러운 샘물

영암과 강진 사이 너른 평야에 우뚝 솟은 월출산은 조물주가 빚은 거대한 수석 같은 산이다. 최고봉인 천황봉(809미터)을 비롯하여 구정봉(738미터), 향로봉(747미터), 도갑봉(376미터), 주지봉(491미터) 등이 피라미드형을 이루고 있어 예부터 지리산, 내장산, 변산, 천관산과 더불어 '호남 5대 명산'의 하나로 꼽히기도 했다. 영암(靈岩)이라는 지명은 월출산에서 유래되었는데, 거기에는 다음과 같은 전설이 전한다.

먼 옛날 월출산에는 3개의 움직이는 큰 바위가 있었다. 이 삼동석(三動石) 때문에 월출산에서 큰 인물이 난다는 소문이 중국에까지 전해졌다. 이를 겁내고 시기한 중국인들이 월출산을 찾아와 동석 3개를 모두 산 밑으로 굴러 떨어뜨렸다. 그런데 그 가운데 한 바위가 스스로 원래의 자리를 찾아 올라갔다. 그래서 산 아래 마을을 신령한 바위가 있는 고을이란 뜻에서 영암이라 했다.

월출산 자락에서는 왕인박사와 도선국사 두 위인이 탄생했는데, 주민들은 동석의 예언대로 아직 한 사람의 큰 인물이 월출산 자락에서 태어날 것으로 믿고 있다.

백제의 대학자 왕인은 서기 405년경 왜왕의 초청을 받아 유학(儒學)과 백제의 선진 문물을 일본에 전해, 일본의 고대문화 발달에 지대한 역할을 한

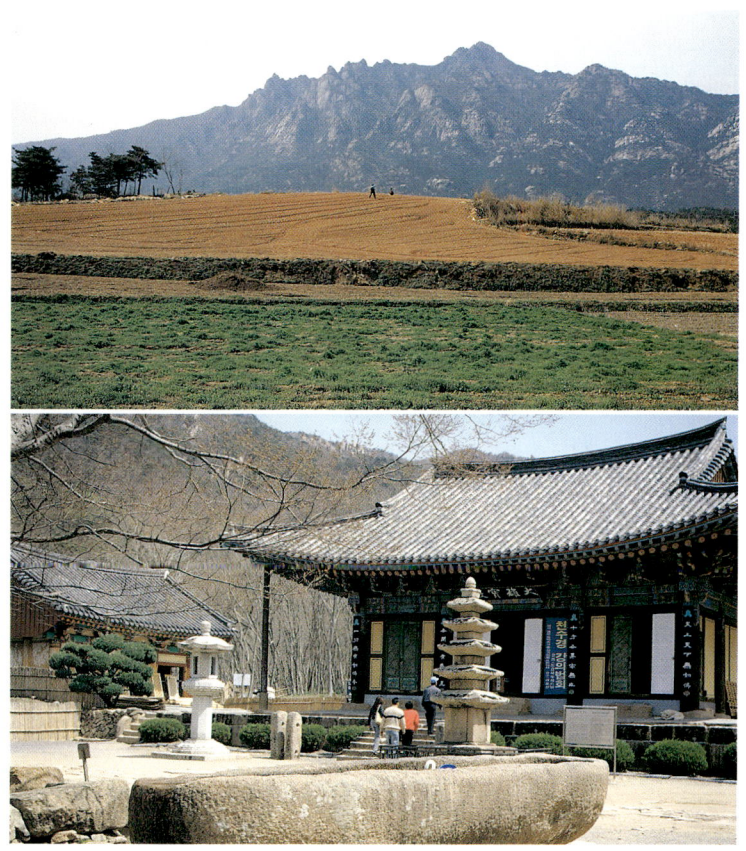

월출산 예부터 지리산, 내장산, 변산 천관산과 더불어 '호남 5대 명산'의 하나로 꼽혀 온 산이다.(위)
도갑사 석조 조선 숙종 때 커다란 화강암을 파서 만든 것이다.(아래)

인물이다. 왕인의 고향인 영암 월출산 기슭에는 성기동(聖基洞)의 생가 터, 그가 학문을 연구하던 책굴 등이 있다. 책굴 입구에 있는 석상은 도포 차림인 왕인의 모습을 새긴 것이라 한다. 이 왕인 석상은 왕인이 일본으로 출항하던 상대포를 바라보고 있다. 또 제자들을 가르쳤다는 양사재와 문산재 등

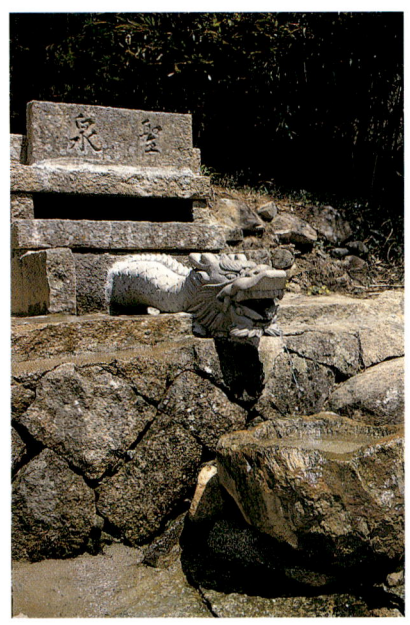

영암 성천 월출산이 배출한 위인 왕인박사를 키워 낸 샘물로 이 물을 마시면 왕인박사와 같은 큰 인물을 낳을 수 있다는 전설이 전해 온다.

의 유적이 남아 있어 위인의 자취를 더듬을 수 있다.

왕인이 태어난 곳이라 하여 '성지골'이라고도 부르는 성기동은 구림리삼거리에서 동남쪽으로 약 800미터 거리에 있는데, 이 성지골을 따라 100미터쯤 올라가다 보면 성천(聖川)이라고 새겨진 바위가 나온다. 성천을 따라 조금 더 올라가면 조암(槽巖, 구유바위)이 길을 막고, 말 구유를 닮은 자그마한 소에는 맑은 계류가 고여 있다.

구유바위 바로 왼쪽 아늑한 숲 가에 있는 성천(聖泉)은 왕인박사를 키운 샘물이다. 이 샘물은 월출산 최고봉인 천황봉의 정기뿐 아니라 문필봉의 정기까지 한껏 전해 줄 정도로 시원하다. 물을 마시면 목구멍까지 짜르르하게 만들고, 머리가 맑아지는 느낌이다. 이 고장에서는 음력 3월 3일에 성천 샘물을 마시고 구유바위에서 목욕하면 왕인박사 같은 성인을 낳는다는 전설이 전해 오고 있다.

| 찾아가는 길 |

영암읍내에서 819번 지방도를 타고 10킬로미터쯤 가면 성기동 국민관광지 입구이다. 좌회전해 들어가 주차장에 차를 세우고 천천히 10분쯤 걸어가면 성천이 나온다.

두륜산 일지암 유천 | 전라남도 해남군 삼산면 구림리

다성(茶聖) 초의선사가 자랑하던 샘물

해남 두륜산은 동백이 아름답기로 유명한 곳이다. 특히 삼재가 들지 않는다는 절집인 대둔사, 서산대사의 영정을 모신 표충사, 그리고 초의선사의 차향이 흐르는 샘물이 있는 일지암 등이 있어 더욱 가 보고 싶은 곳이기도 하다.

대둔사 들어가는 길은 남도에서 둘째 가라면 서러울 정도로 아름다운 숲길이다. 대둔사 입구 매표소에서 사찰까지, 아틈느니 측백나무와 편백나무가 빽빽히 들어 찬 2킬로미터쯤의 숲길이 펼쳐져 햇살도 거를 정도로 울창하다. 서산대사가 중창한 이후 선종의 총본산이 되었던 대둔사를 둘러본 뒤, 표충사에서 서산대사에게 인사를 드리고 일지암으로 발길을 돌린다. 봄볕에 취해, 동백꽃에 매혹돼, 꿈 같은 길을 걷다 보면 어느새 차 향기 그윽하게 풍겨 오는 일지암에 닿는다.

이 자그마한 초막에 머물던 조선 후기의 선승 초의선사는 우리나라 다도를 중흥, 발전시켰던 다성(茶聖)이다. 그는 추사 김정희, 다산 정약용 등 당대의 지식인들과 사귀며 다도와 선불교의 발전에 크게 기여했다. 특히 우리나라 차의 향과 효과가 중국 것보다 우수하다는 내용을 담은 『동다송(東茶頌)』과 『다신전(茶神傳)』은 '차의 경전'으로 일컬어질 만큼 다도를 대표하는 저술로 평가된다. 초의선사는 『동다송』에서 "찻잎을 따는 데 그 묘(妙)를 다하고, 만드는 데 그 정(精)을 다하고, 물은 진수(眞水)를 얻고, 끓일 때 중정(中正)을 얻으면, 체(體)와 신(神)이 서로 어울려 건실함과 신령함이 어우

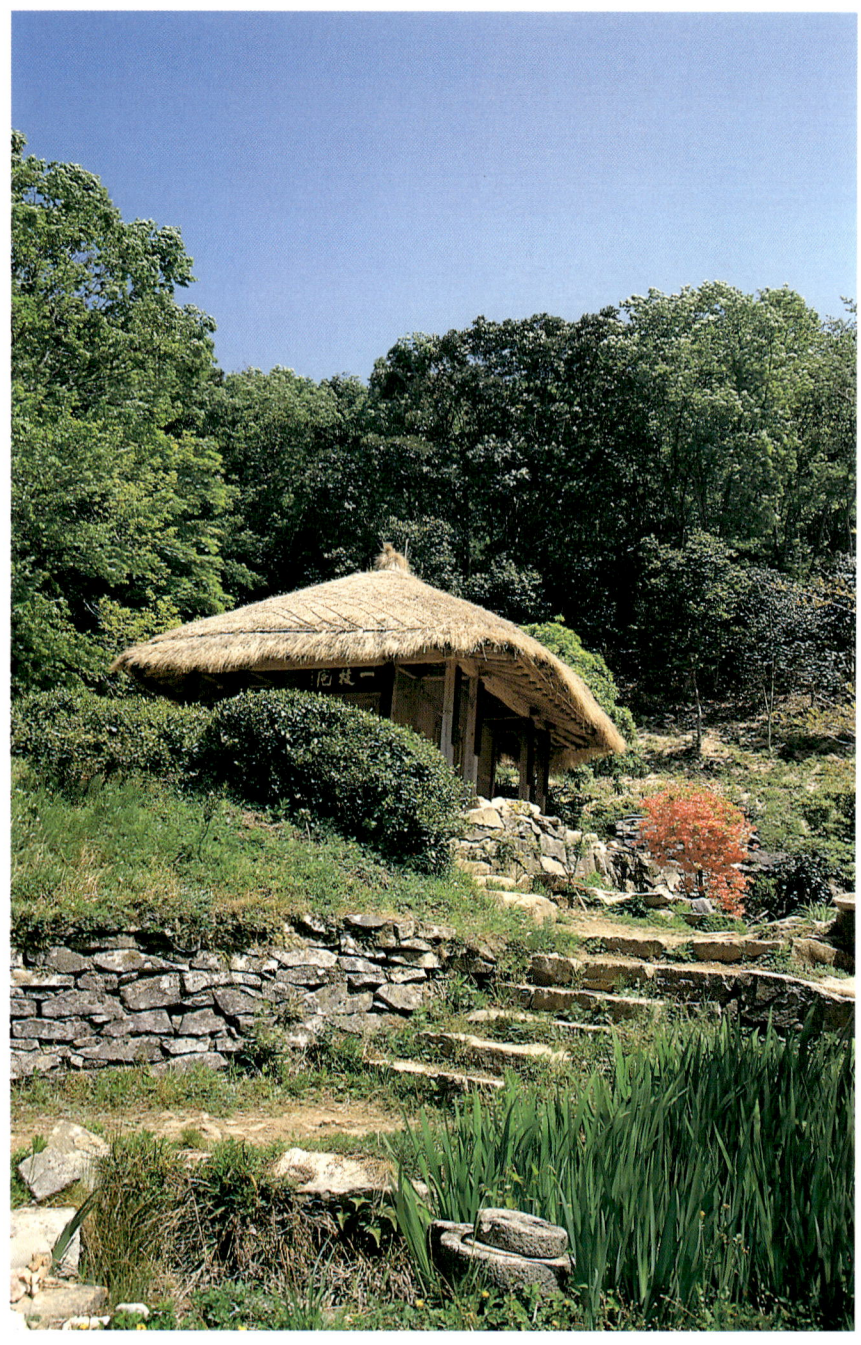

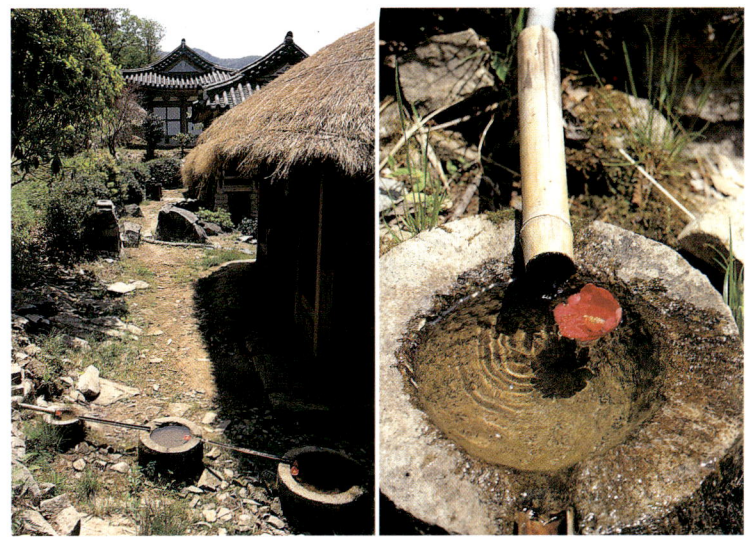

일지암 유천 초의선사가 강조한 물의 여덟 가지 덕목을 갖춘 샘물이다.
일지암 초의선사는 작고 소박한 초막을 짓고 김정희, 정약용 등 당대의 지식인과 사귀며 다도와 선불교 발전에 크게 기여하였다.(옆면)

러진다. 이에 이르면 다도는 다하였다고 할 것이다"라고 했다.

일지암 유천(乳泉)은 초의선사가 좋은 물이라 자랑하던 샘물이다. 만약 일지암에 유천이 흐르지 않았다면 초의선사는 절대로 이곳에 머물지 않았을 것이다. '물은 차의 몸'임을 강조하던 초의선사가 아닌가.

일지암 뒤꼍 동백나무 우거진 산등성이에서 흘러 나와, 아담한 석조로 흐르는 이 샘물은 초의선사의 극찬에서 알 수 있듯이 맛도 일품이다. 초의선사가 강조한 물의 8가지 덕목(맑고, 차고, 부드럽고, 가볍고, 아름답고, 비위에 맞고, 냄새가 없고, 탈이 없을 것)을 다 갖추고 있는 것이다.

| 찾아가는 길 |

해남에서 827번 지방도를 타고 두륜산으로 간다. 두륜산 주차장에 차를 놓고 매표소를 지나 2킬로미터를 걸으면 대둔사. 표충사 앞에서 두륜봉 방향으로 700미터쯤 오르면 갈림길이 나온다. 여기에서 오른쪽으로 200미터쯤 더 가면 일지암이 있다.

달마산 금샘 | 전라남도 해남군 송지면 서정리

아침 햇살에 금빛으로 샘솟는 신비의 물

가을이면 황금빛 억새가, 봄이면 연분홍 철쭉이 흐드러지게 피어 사람들을 유혹하는 해남의 달마산(489미터). 500미터도 안 되는 나지막한 산이지만, 눈을 압도하는 암봉들은 금강산과 비교해도 빠지지 않을 만큼 그 기세가 대단히 강하다. 특히 서쪽의 미황사에서 달마산을 올려다보면 마치 불꽃이 피어 오르는 듯 보인다. 그 '돌불꽃' 피어나는 달마산 서쪽 자락에 신비로운 샘의 정채(精彩)라 할 수 있는 금샘이 있다.

금샘은 달마산 문바위재에 60미터쯤 못 미친 곳에 있다. 거대한 바위 벽에 있는 샘의 높이가 사람 가슴 정도에 닿는다. 수평으로 1미터쯤 파 들어간 굴 안쪽에서 흘러 나오는 석간수가 표주박으로 뜨기 좋을 정도로 고여 있다가, 이끼 낀 돌 틈새로 넘쳐 흐른다.

서쪽에서 나와 동쪽으로 흐르는 서출동류수(西出東流水)의 전형인 금샘은 이른 아침 햇살을 받으면 금가루를 뿌려 놓은 듯 금빛으로 빛난다. 하지만 그 금빛을 보기란 여간 어려운 것이 아니다. 필자는 3번이나 달마산 금샘을 찾았지만, 아쉽게도 한 번도 그 신비한 광경을 만나지 못했다. 하지만 누가 일부러 파 놓은 것처럼 바위 굴 중간에서 솟는 샘물은, 금빛으로 빛나지 않아도 그 자체만으로 충분히 신비롭다.

금샘의 신비는 지질학적으로 분석할 때, 금샘을 품고 있는 바위 봉우리와 달마산 전체를 이루고 있는 암질에 비밀이 있다. 달마산 바위들을 살펴보면 자잘한 수정들이 석영과 섞여 박혀 있는 것을 어렵지 않게 볼 수 있다. 오

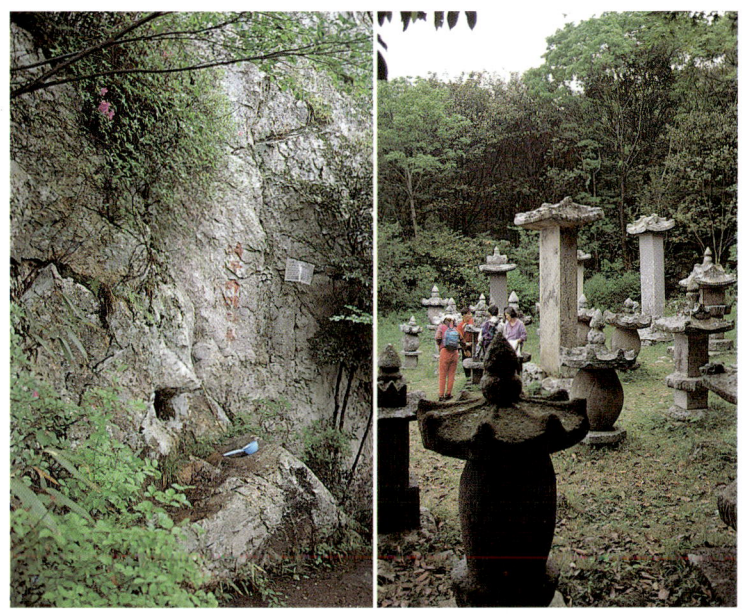

달마산 금샘 바위에 뚫린 작은 굴 속에서 흘러 나오는 돌샘은 금빛으로 반짝인다는 것 때문에 더욱
신비롭다.(왼쪽)
미황사 부도전(오른쪽)

랜 세월 동안 풍화된 돌가루가 샘물에 얇은 막을 이루고 떠 있어 햇살이 비
칠 때 반사하면서 빛을 발하는 것이라는 해석이 가능하다.

하지만 아무리 과학으로 그 비밀이 이해된다 해도 아침 햇살에 금빛으로
빛나는 금샘의 신비로움은 여전히 유효하다.

| 찾아가는 길 |

해남까지 간 뒤 13번 국도를 따라 남쪽 땅끝마을로 방향을 잡고, 현산면 월송삼거리까지 간다. 삼거리에서
미황사 방향으로 우회전해 4킬로미터쯤 간 뒤, 서정초등학교를 지나자마자 좌회전해 들어가면 바로 미황사이
다. 이곳에서 문바위 쪽으로 등산로를 따라 30분쯤 오르면 금샘이 보인다. 팻말이 있어 어렵지 않게 찾을 수
있다.

곡성 태안사 돌샘 | 전라남도 곡성군 죽곡면 동계리

상생(相生)의 지혜 일깨우는 순한 샘물

보성강을 끼고 있는 곡성은 화려하지 않지만 정감 어린 풍경이 곳곳에 숨어 있는 고을이다. 섬진강으로 흘러드는 보성강 맑은 내와 호남정맥이 부린 골이 아름답지만, 다른 고을에 비해 덜 알려져 아직 자연 그대로의 모습을 간직하고 있다.

예전에는 알아주던 고찰인 태안사 경내에 있는 돌샘을 보려면 보성강을 거슬러 올라가야 한다. 태안사의 현관 격인 능파각(凌波閣)을 통해 숲길로 접어들면, 이내 일주문이 나오면서 태안사의 포근한 모습이 한눈에 들어온다. 지금의 태안사는 규모가 그리 크지 않지만, 구산선문의 유서 깊은 절로 한때 화엄사를 거느리기도 했다. 경내에는 지름 20미터쯤 되는 큰 연못 가운데, 부처님 사리를 모셨다는 석탑이 있어 색다른 느낌을 준다.

태안사 돌샘을 찾아가는 길에는 팻말이 없다. 하지만 눈썰미 있는 수객이라면 선방 쪽으로 발길을 옮긴다. 대웅전에서 선방으로 가는 길을 따라 2, 3분쯤 가면 계류가 나온다. 그 계류에 걸린 돌다리 아래에 이끼를 잔뜩 머금은 석간수, 돌샘이 있다. 계곡 가의 샘물치고 수량은 많지 않지만, 태안사 지기(地氣)처럼 순하고 아늑한 맛이 혀끝에 감돈다. 최근에 샘 가에 콘크리트를 바르고 주변의 나무를 베어 내, 예전에 비해 다소 운치가 떨어졌다.

한 노스님이 차 달일 샘물을 길러 오셨다가 물 위에 떠 있는 몇 마리 벌

태안사의 현관 역할을 하는 능파각(옆면)

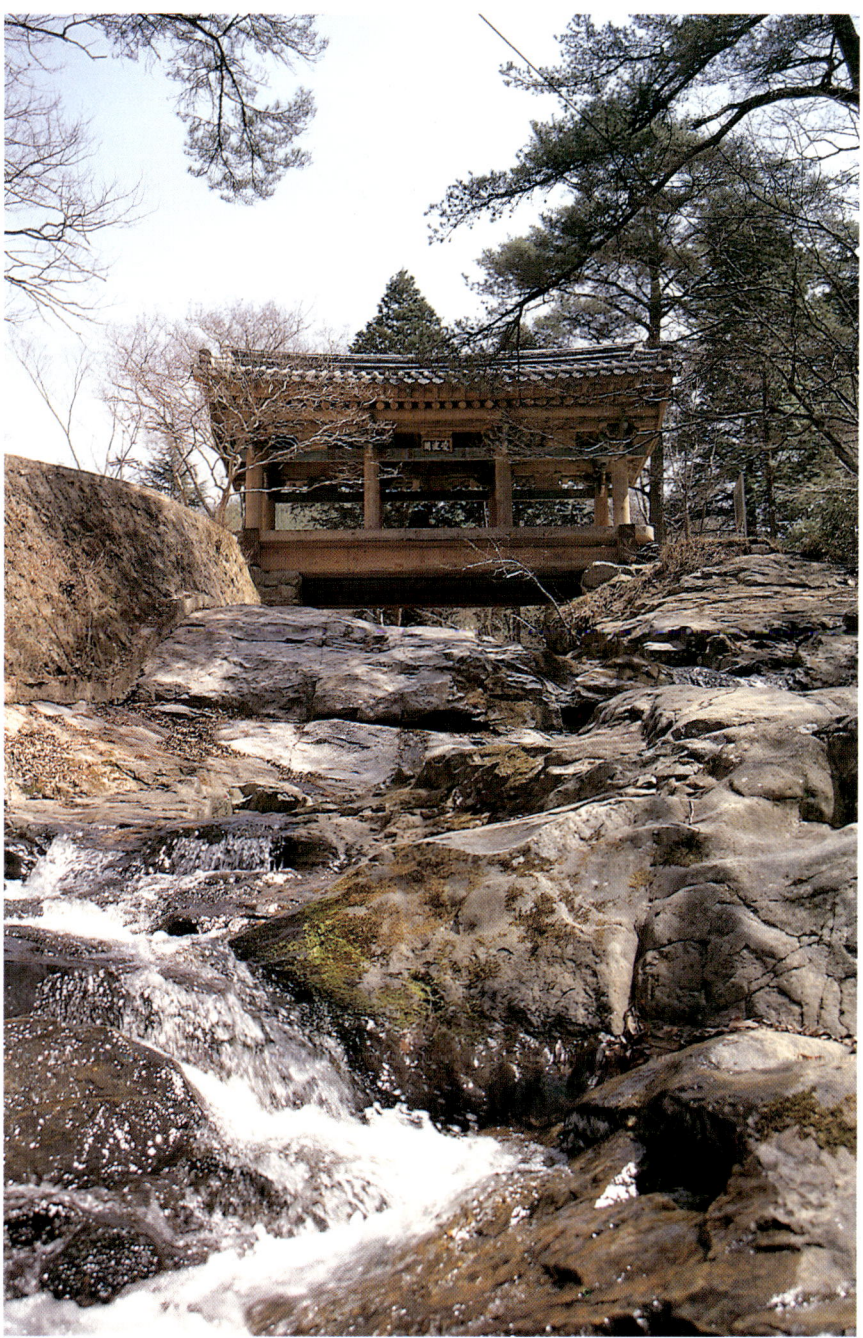

레를 표주박으로 휘젓는 수객을 보고, "가재밥이라는 벌레가 있어야 사람도
먹을 수 있다"는 말을 던진다. 이렇듯 들어앉은 터처럼 순한 맛의 태안사
돌샘은 가재밥 같은 벌레도 더불어 살아가야 한다는, 상생(相生)의 진리를
깨우쳐 주는 지혜의 샘이다.

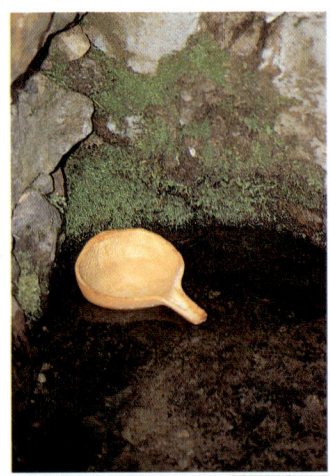

| 찾아가는 길 |
섬진강을 따라 나 있는 17번 국도 곡성의 압록유원지 삼
거리에서, 18번 국도를 따라 보성강을 5킬로미터쯤 거슬러
오른다. 죽곡면 태안교를 건너 6킬로미터 들어가면 태안사
가 나온다.

태안사 돌샘 상생의 진리를 깨우쳐 주는 이 돌샘의
물맛은 달고 순하다.(위)
태안사 경내의 석탑 지름 20미터 정도의 큰 연못 한
가운데 있는 이 석탑에 부처님의 사리를 모셨다고 한
다.(아래)

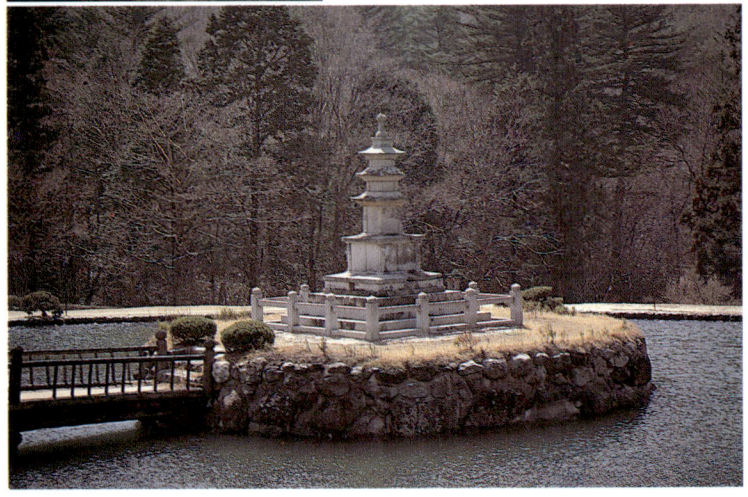

고창 효감천 | 전라북도 고창군 신림면 외화리

효자에게 내려 준 하늘의 선물

전북 고창의 효감천(孝感泉)은 경남 창녕의 '영산약물'과 더불어 영호남에서 효를 상징하는 대표적인 샘물이다. 하지만 '영산약물'이 전설적인 요소에 기댄 반면, 효감천은 실재 인물에서 유래한 샘물이다. 1444년(세종 26)에 태어나 1494년(성종 25) 죽을 때까지 효자로 이름이 높던 오준(吳浚)의 지극한 효성에 감복해 하늘이 만들어 준 샘물인 것이다.

어려서부터 효사로 소문난 오준은 아버지가 등창을 앓으면 입으로 고름을 빨아 내고, 병환이 위독하면 변을 맛보아 병세를 파악하고, 손가락을 잘라 아버지의 입에 피를 넣어 주는 등 지극 정성으로 간호하였다. 그러다 아버지가 돌아가시자 삼년상을 치르게 되었는데, 제수(祭水)를 뜨러 다니는 길이 너무 멀어 고생이 많았다. 그러자 갑자기 뇌성 벽력과 함께 땅에서 맑은 샘물이 솟아 나왔다고 한다. 그래서 이 샘물을 '효감천'이라 부르게 되었다고 한다.

성종 때는 오준에게 복호(復戶)를 내리고 정려(旌閭)를 세웠으며, 효감천 옆에 창효사를 세웠다. 지금도 마을 사람들은 음력 4월 6일과 8월 6일 두 차례, 이 샘에 제사를 지낸다. 샘은 보기 드물게 잘 가꾸어져 있는데 관리인이 따로 있는 것이 아니고, 마을 사람들이 오가며 풀도 뽑고 자율적으로 관리한다.

고창에 갔다면 선운사를 보지 않을 수 없다. 특히 선운사 뒤쪽 산자락의 5천여 평에 자라난 500년생 3000여 그루의 동백나무숲(천연기념물 제184호)

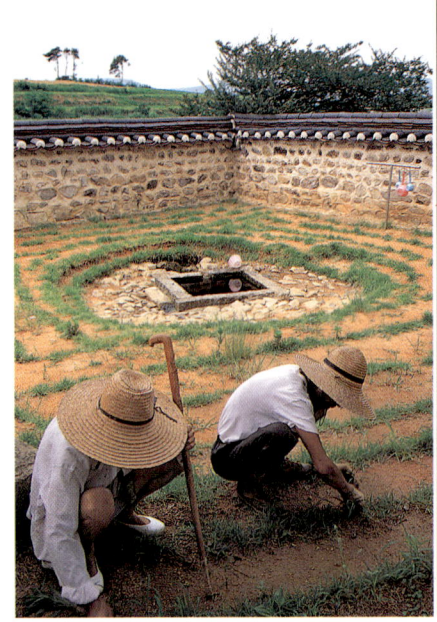
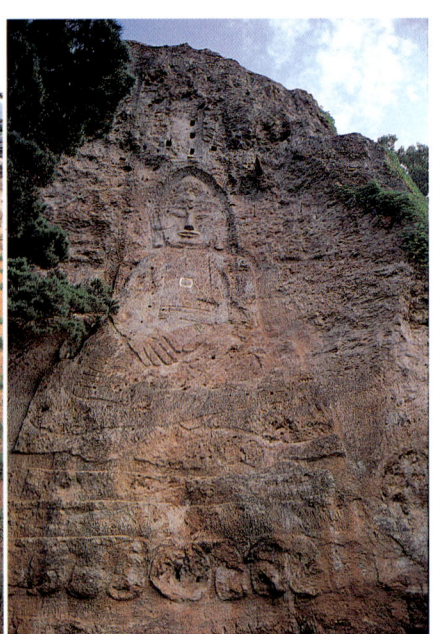

은 선운사의 상징이라 할 만큼 유명하다.

　동불암 마애불(보물 제1200호)은 민중들의 소망을 담은 미륵불이다. 예부터 이 마애불의 배꼽 속에는 신비한 비결이 들어 있었는데, 그것이 햇볕을 보는 날 한양의 이씨가 망한다고 했다. 그러나 하늘의 허락이 없는 한 누구도 그 비결을 꺼낼 수 없었다. 한 번은 전라도 감사 이서구가 배꼽을 열어 보려다 난데없이 뇌성벽력이 일어 실패하기도 했다. 그뒤 동학의 간부 손화중이 무사히 마애불의 배꼽을 열고 비결을 꺼내는 데 성공했다. 그래서 민중들 사이에서는 동학이 천하를 잡는다는 소문이 나돌았다. 결국 비결의 전설은 동학이 민심을 얻는 데 이용되었던 것이다.

| 찾아가는 길 |

호남고속도로 정읍인터체인지에서 나와 22번 지방도를 타고 선운산 방향으로 15킬로미터쯤 가면 흥덕면이다. 면사무소 앞에서 신림으로 넘어가는 지방도로를 타고 3킬로미터쯤 가면 오른쪽으로 효감천이 있는 창효사가 보인다.

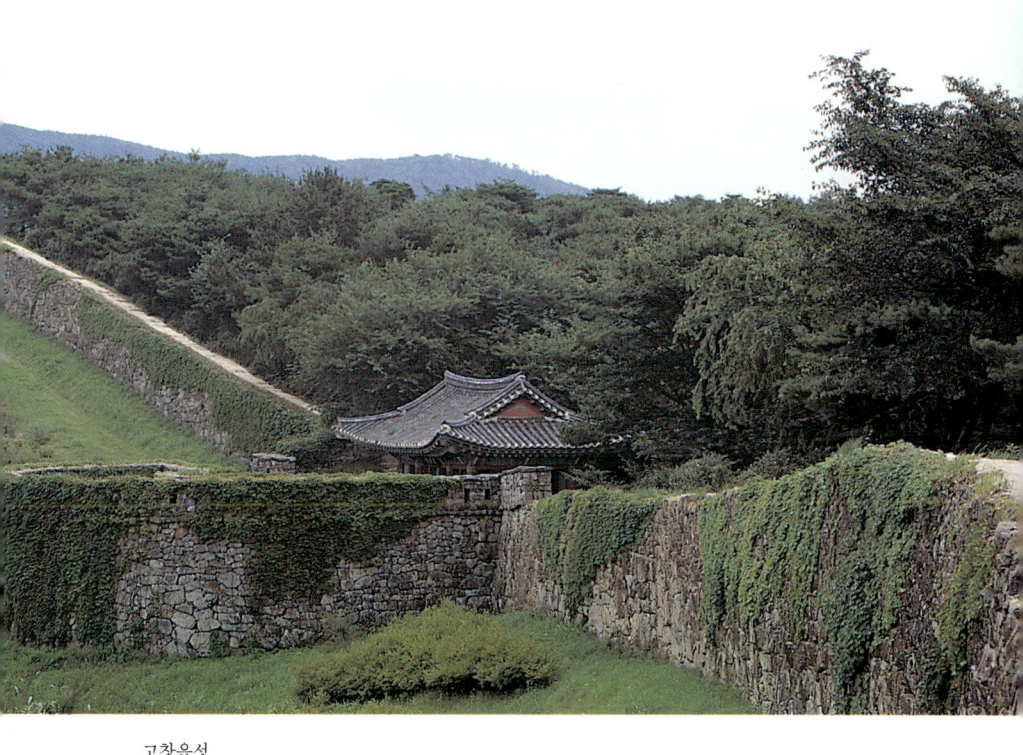

고창읍성
고창 효감천 하늘이 오준이라는 사람의 효성에 감복해 내려 준 선물이다.(옆면 왼쪽)
선운산 동불암 마애불 이 마애불의 배꼽에는 세상을 바꿔 놓을 비결이 봉해져 있었다고 전한다.
(옆면 오른쪽)

순창 옥출약수 | 전라북도 순창군 풍내면 한내리

순창 고추장 맛을 내는 맑은 샘물

"꼬창 허면 순창 꼬창이 제엘이지라우."

'고추장 가운데 순창 고추장이 제일'이라는 구수한 사투리에서 순창 사람들의 자부심을 읽을 수 있다.

고추장은 암 예방과 지방 분해 효과가 탁월하다고 하는데, 특히 순창에서 생산한 고추장은 다른 지방 것보다 효과가 뛰어나다는 연구 결과도 나와 있다. 순창 전통 고추장은 콩 60퍼센트, 쌀 40퍼센트를 배합했을 때 최고의 효능을 발휘한다고 한다.

고추장은 근본적으로 곡류 전분을 분해하는 당화 효소에 의해 단맛을 내고, 콩을 분해하는 단백질 분해 효소의 작용으로 아미노산이나 핵산 물질이 생성되면서 구수한 맛을 내며, 여기에 고추의 매운 맛이 어우러진 발효 식품이다. 이들 효소는 엿기름이나 고추장, 메주에서 자란 곰팡이나 세균에 의해 얻어진다.

고추장을 담글 때는 바람과 더불어 물도 꽤 중요한 역할을 한다. 그런데 순창엔 아직도 오염이 덜 된 맑디맑은 섬진강이 흐르고 있어 순창 고추장이 빛을 볼 수 있는 것이다. 그런 순창에서도 '옥출약수' 하면 다른 지방 사람들까지 고개를 끄덕인다.

옥출약수는 섬진강이 한눈에 내려다보이는 옥출산(276미터)에서 솟아나는 샘물로, 순창 사람들은 물론 인근 광주나 전주에서 고추장을 사러 왔다가 한 번은 들렀다 길어가는 곳이다. 또 약수터에서 얼마 떨어지지 않은 섬진

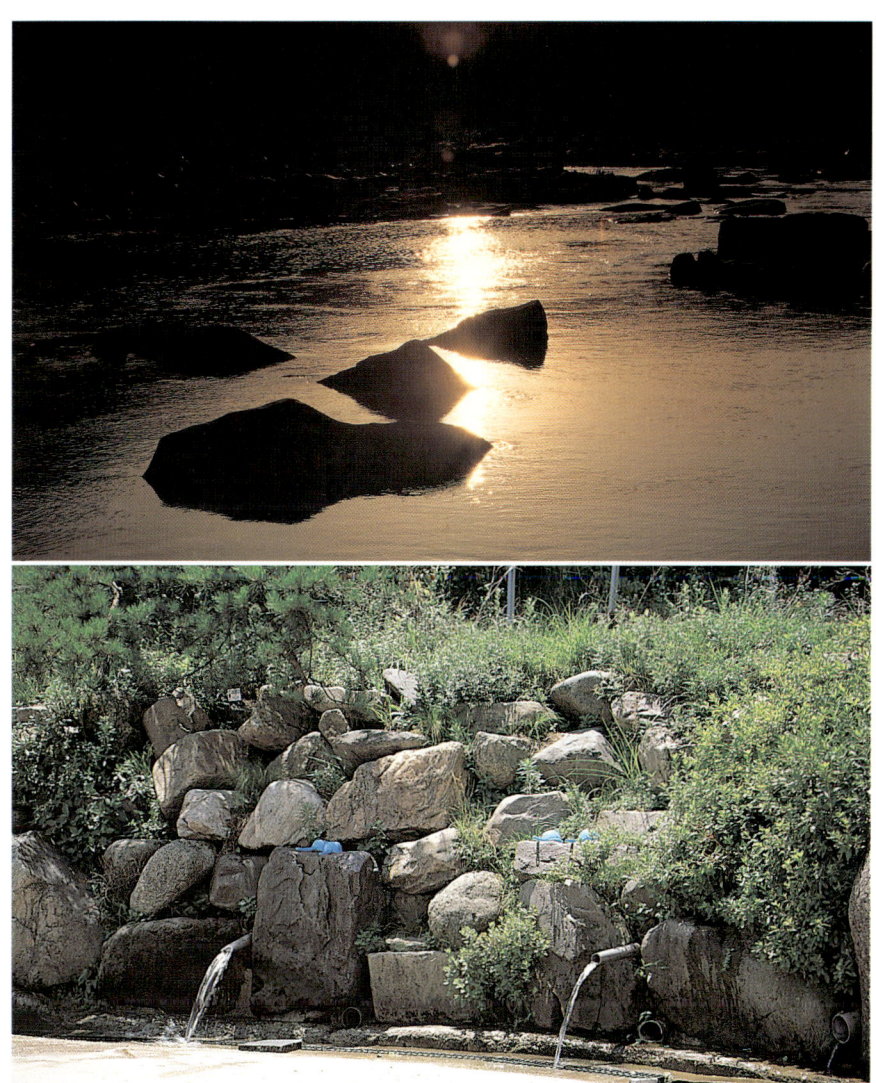

섬진강 저녁 햇살(위)
옥출약수 전국에서 가장 유명한 순창 고추장의 맛 비결이 바로 맑은 샘물에 있다.(아래)

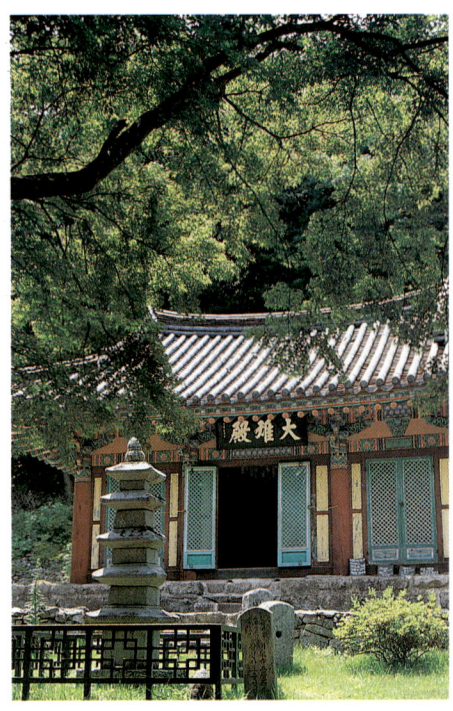

강천사 기암절벽과 아기단풍의 절경으로 사랑받는 강천산에 자리잡은 비구니 도량처이다.

강변 유원지를 찾은 사람들도 대부분 이 약수를 떠 간다. 하지만 옥출약수는 아쉽게도 석간수가 아니다. 군청에서 시설해 놓은 쇠파이프를 통해 흘러나와 샘이 주는 운치는 별로 없다. 그래도 옥출산의 빽빽한 숲에서 정기를 받은 덕에 물은 얼음처럼 시원하다.

순창 사람들은 순창과 전남 담양의 도계를 이루는 강천산 (584미터)을 지리산보다 더 자랑스럽게 생각한다. 지리산에 비교할 수 없을 정도로 낮은 산이지만 꽤 깊은 계곡과 맑은 계곡물, 그리고 기암절벽이 병풍을 차듯 늘어선 모습으로 '호남의 소금강'이라는 찬사를 받아 왔다. 단풍나무가 유난히 많아 매년 11월 초순께 단풍이 절정을 이룬다. 특히 강천산만의 자랑인 아기단풍이 곱게 물들 때면 더 더욱 장관이다.

비구니들의 도량인 강천사는 신라 때 도선국사가 창건한 고찰로 한때는 1000여 명의 승려가 있던 큰 절이었다고 한다. 절 뒤로 솟은 암벽과 강천산 암봉이 어울려 한 폭의 그림처럼 멋지다.

| 찾아가는 길 |

순창읍내에서 동남쪽 풍산 방향으로 난 지방도를 따라 6킬로미터쯤 가면 길 오른쪽에 옥출약수가 보인다.

익산 냉정약수 | 전라북도 익산시 금마면 기양리

서동과 선화 공주의 사랑이 숨쉬는 샘물

국보 제11호로 지정된 석탑이 있는 미륵사지. 지금은 서탑이 반 이상이나 파손된 모습으로 미륵사지를 지키고 있지만, 품(品) 자 형태의 3금당 3중문 규모인 미륵사지가 단순한 사찰 수준은 아니었을 것이라는 견해도 있다. 정치를 맡아볼 수 있는 또 다른 정사처였다는 것이다.

『삼국사기』에 무왕이 익산으로 천도했다는 기록이 명확하게 남아 있지 않으나, 『일본서기(日本書紀)』의 '수노를 익산으로 성했다'는 기록과 『대동지지(大東地志)』의 '무왕대에 이르러 익산을 별도(別都)로 삼았다'는 기록은 당시 무왕이 익산 지역에서 발전의 토대를 마련하기 위해 노력했음을 의미한다. 결국 익산으로의 천도 계획은 무위에 그쳤지만, 오늘날 익산에 남아 있는 문화 유적들은 백제의 비밀을 한 올 한 올 풀어 내는 데 귀중한 자료가 되고 있다.

무왕은 왕위에 오르기 전 「서동요(薯童謠)」를 유행시켜 신라의 선화 공주와 결혼한 역사적인 로맨스로 유명한 인물이다. 익산 미륵산(430미터) 자락에는 서동이 마를 캐러 다니다가 달게 마셨을 법한 샘물이 흐르고 있다. 미륵사지 뒤쪽의 미륵산 길찬 대숲 속에서 펑펑 솟는 냉정약수가 그것이다. 빽빽한 대숲 바위 틈에서 솟는 이 샘물은 대나무 죽순을 훑고 솟아오른 물이어서인지 아주 담백하다. 여름에도 이가 시리도록 차가워 '찬샘'으로도 불린다.

냉정약수가 언제 발견됐는지 정확한 기록은 없지만, 오래 전부터 이 지역

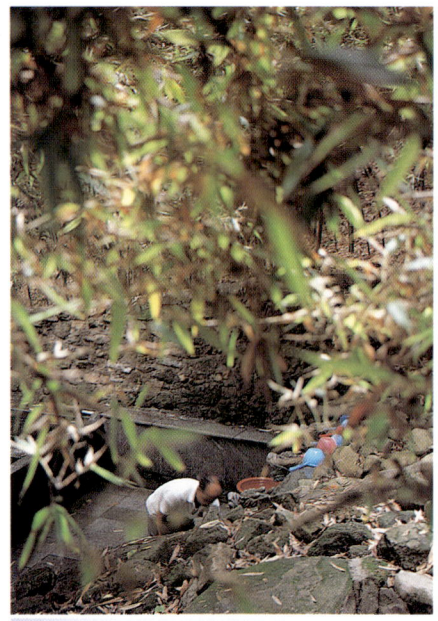

익산 냉정약수 빼빼한 대나무숲 바위 틈에서 솟는 샘물은 여름에도 이가 시리도록 차고 그 맛은 아주 담백하다.(위)
익산 미륵사지 무왕 때 창건된 백제 최대의 사찰이었으나, 조선시대에 폐사되어 그 흔적만 남아 있다. 미륵사지석탑(왼쪽)과 당간지주(오른쪽) 등의 유물이 사찰의 규모를 추정케 한다.(아래)

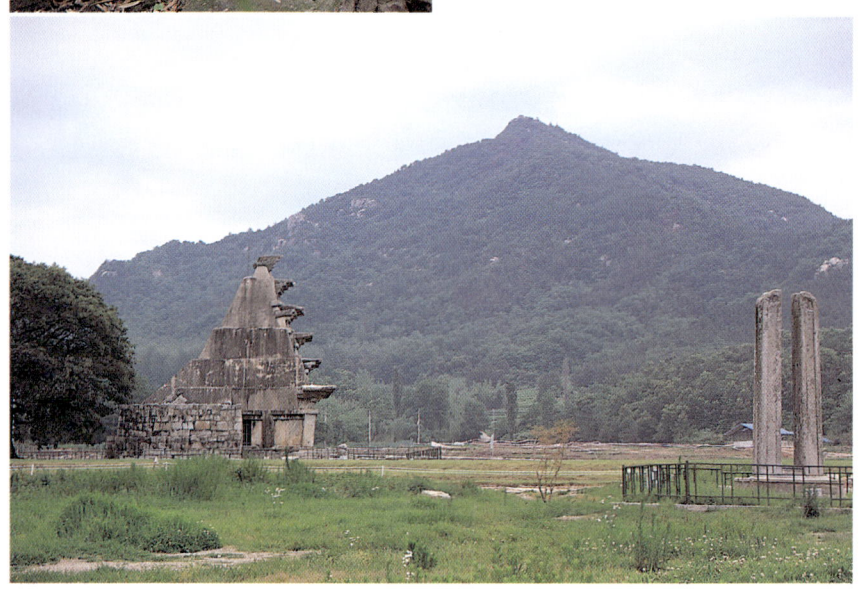

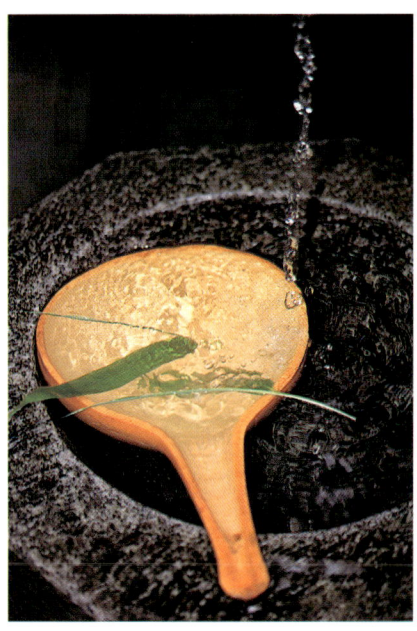

익산 냉정약수

사람들의 육체적, 심리적 갈증을 달래 왔을 것이다. 옛 기록인 『금마지(金馬誌)』에도 냉정약수로 목욕하면 머리 부스럼이 잘 낫는다 하여 병을 고치려는 사람들이 찾아왔다는 기록이 있다.

요즘도 그 효능을 믿는 사람들이 단오, 칠석, 백중, 팔월 한가위 때는 물론이고 평시에도 냉정약수를 찾고 있다. 또 민초들은 이 샘물을 정화수로 받아 놓고, 석가모니 입멸 후 56억 7000만 년 뒤에 나타난다는 미륵불의 도래를 기원하기도 했다.

냉정약수를 한 모금 들이키고 둘러보면, 빽빽한 대숲 어디선가 「서동요」 가사를 지으려 궁리하던 서동의 고뇌에 찬 모습이 어른거리는 듯하다.

| 찾아가는 길 |

미륵산 서남쪽 자락에 있다. 미륵사지 정문에서 미륵산을 보고 왼쪽 담을 따라 난 미륵산 길을 1.5킬로미터쯤 가면 대숲 속에 냉정약수가 있다.

장수 뜬봉샘 | 전라북도 장수군 장수읍 수분리

천리 금강 푸른 물의 발원지

무주, 진안, 장수를 일컫는 '무진장'의 한 고을로 널리 알려진 장수의 산하는 깊다. 한강, 낙동강에 이어 남한에서 세 번째로 큰 강인 금강의 발원지가 바로 장수 땅에 있다. 발원지 부근은 '물을 가르는 마루'라는 뜻의 수분치(水分峙)라 불리고, 「대동여지도」에서도 이곳을 '금강지원(錦江之源)'으로 표시했다. 수분치 마루턱에 떨어진 빗방울은 각각 남쪽 섬진강이나 북쪽 금강으로 흘러든다.

수분치에서 2킬로미터쯤 산길을 오르면 나타나는 뜬봉샘(또는 뜸봉샘)은 금강의 탯자리이다. 금남호남정맥의 신무산(897미터) 자락에서 솟아난 한 줄기 가녀린 물줄기가 옛 백제 땅을 적시면서 천리 물길을 만드는 것이다.

'금강사랑운동본부'에서 드문드문 세워 놓은 자그마한 나무 팻말의 인도를 받으며 찾아간 뜬봉샘은 주변의 아늑한 풍치가 제법이었다. 남한강의 발원지인 태백의 검룡소가 그 이름처럼 신비롭고 웅혼한 서기가 넘친다면, 뜬봉샘에서는 순진한 새악시 같은 친밀감이 물씬 풍긴다. 마을 노인들의 말에 따르면 뜬봉샘은 '물이 뚬벙뚬벙 떨어진다'고 해서 붙은 이름이라 한다.

수분치에서 십리도 채 떨어지지 않은 곳에 있는 비구니절 팔성암에도 맛좋은 샘물이 있다. 이 샘물은 오염원이 전혀 없는 계류 바로 옆에 있어, 땅속으로 잠시 스며들었던 계류가 돌 틈으로 흘러 나오는 석간수이다. 부엌쪽에도 역시 샘물이 솟고 있는데, 철쭉꽃 어우러진 돌 틈에서 흘러내리는 샘물의 때깔은 과연 '장수의 샘물'임을 어렵지 않게 일러 준다.

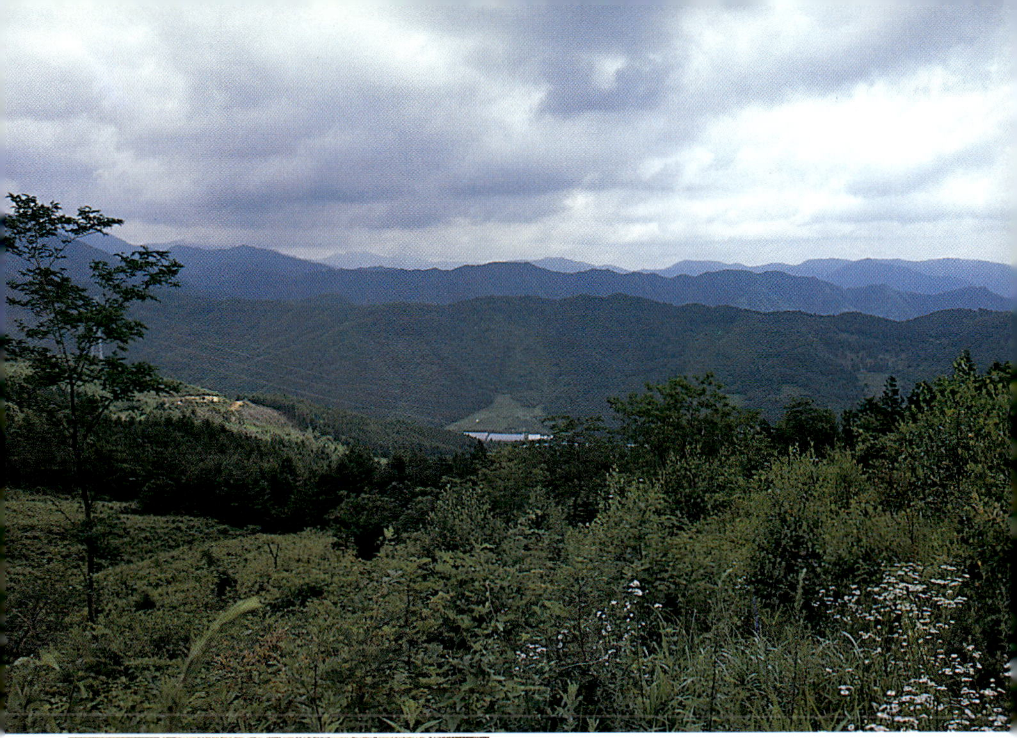

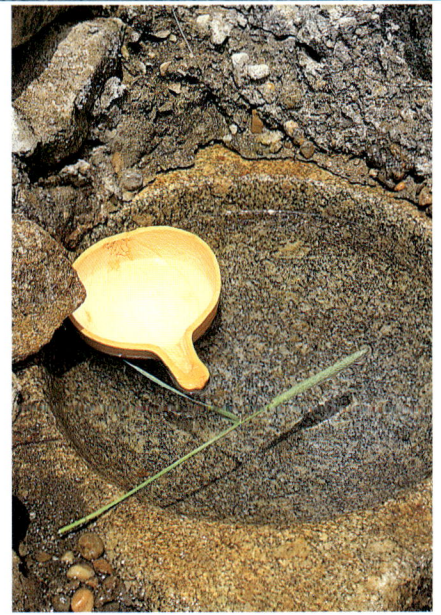

| 찾아가는 길 |

19번 국도가 지나는 수분치 마루에서 서쪽 수분리 원수분 마을로 들어간다. 마을회관 앞에 차를 대놓고, 거친 경운기길을 30분쯤 오르면 뜬봉샘을 볼 수 있다. '금강사랑운동본부'에서 설치해 놓은 아담한 팻말이 길을 안내한다.

금남호남정맥 뜬봉샘은 금남호남정맥의 신무산 자락에서 솟는다.(위)
장수 뜬봉샘 금강 천리 물길의 발원지로 알려져 있다.(아래)

진안 풍혈냉천 | 전라북도 진안군 성수면 좌포리 양화마을

허준이 약을 달일 때 썼던 한여름 얼음물

우리나라에는 한여름에도 찬바람이 나오는 풍혈이나 얼음이 맺혀 있는 얼음골이 적지 않다. 경북 의성의 빙계계곡, 충북 제천의 금수산 얼음골, 강원도 정선의 신동 얼음골, 경남 밀양의 얼음골, 전북 진안의 풍혈 등은 나라 안에서 제법 이름을 떨치고 있는 곳이다. 이 가운데 진안의 대두산(말궁굴이산, 459미터) 기슭에 있는 풍혈(風穴)은 '냉천(冷泉)'이라는 샘물과 한 쌍을 이뤄, '풍혈냉천'이라는 고유 명사로 불릴 만큼 유명한 곳이다.

풍혈은 바위 사이에서 찬바람이 나오는 자연 동굴이다. 섭씨 30도가 넘어 숨이 턱턱 막히는 삼복 더위에도 풍혈은 항상 섭씨 4도를 유지하고 있어 반소매 옷을 입고는 오래 있지도 못할 정도이다. 일제시대에는 누에씨 창고로 썼었고, 요즘은 수박 등의 과일을 저장해 놓고 파는데, 마치 냉장고에 넣은 것처럼 신선하다.

풍혈은 틈새가 많은 주변의 돌 사이로 들어가 돌아다니던 바깥 공기가 대기 밖으로 나오는 순간 단열 팽창되어 온도를 잃기 때문인 것으로 알려져 있다. 게다가 겨울에 바위 틈 깊은 곳으로 흘러든 눈과 얼음이 냉원(冷源) 역할을 하기 때문에, 섭씨 3 내지 4도까지 내려갈 수 있는 것이라 한다.

이렇듯 삼복 더위에도 하얀 김이 서리는 풍혈과 뿌리가 통하는 냉천은 손을 담그고 1분을 견디기 힘들 정도로 차갑다. 이 냉천에서 목욕하면 웬만한 위장병과 피부병 정도는 쉽게 낫고, 무좀에도 특효가 있다고 전한다.

또 냉천은 조선시대의 명의 허준이 약재를 달일 때 쓰던 샘물이라 해서 나

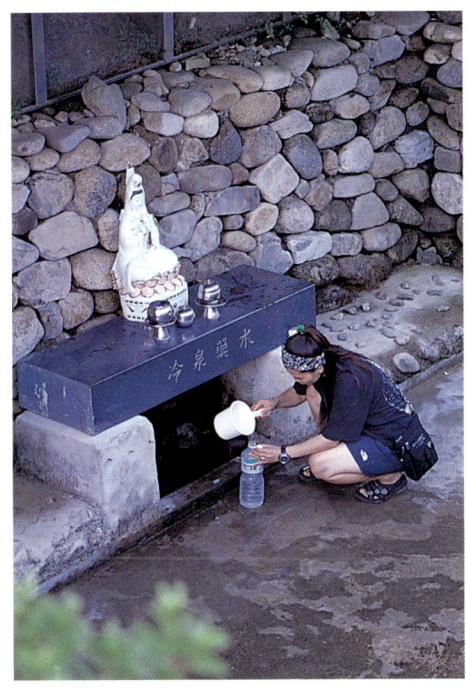

진안 풍혈냉천 삼복 더위에도 입
김이 서릴 만큼 차가운 풍혈과 위
장병, 피부병 등에 특효가 있다는
냉천은 한 쌍을 이뤄 불릴 만큼 유
명하다.

라 안에 널리 알려지기 시작했다. 허준은 『동의보감』 「논수품」에서 물의 종류
를 33종으로 나누고, 각각의 성질과 용도를 설명했는데, '편두통과 등이 차가
운 병, 울화, 오한 등은 차가운 물로 목욕하면 잘 낫는다'고 하였다.

　진안에서는 풍혈냉천 외에도 또 하나의 특이한 자연 현상을 볼 수 있다.
겨울 저녁, 마이산(673미터) 숫마이봉 아래에 위치한 은수사 약수터에 물
담은 그릇을 밤새 놓아 두면 그릇 한가운데로 고드름이 솟아오른다. 이 역
고드름은 이곳에서만 볼 수 있는 특이한 자연 현상으로 풍향, 풍속, 기온
등 자연 조건이 일치되었을 때만 나타난다. 하지만 이런 자연 조건이 맞아
떨어진 날에도 모든 물그릇에서 역고드름이 생기는 것은 아니다. 수십 개의
그릇을 놓아 두면 한두 개 정도에서만 볼 수 있다.

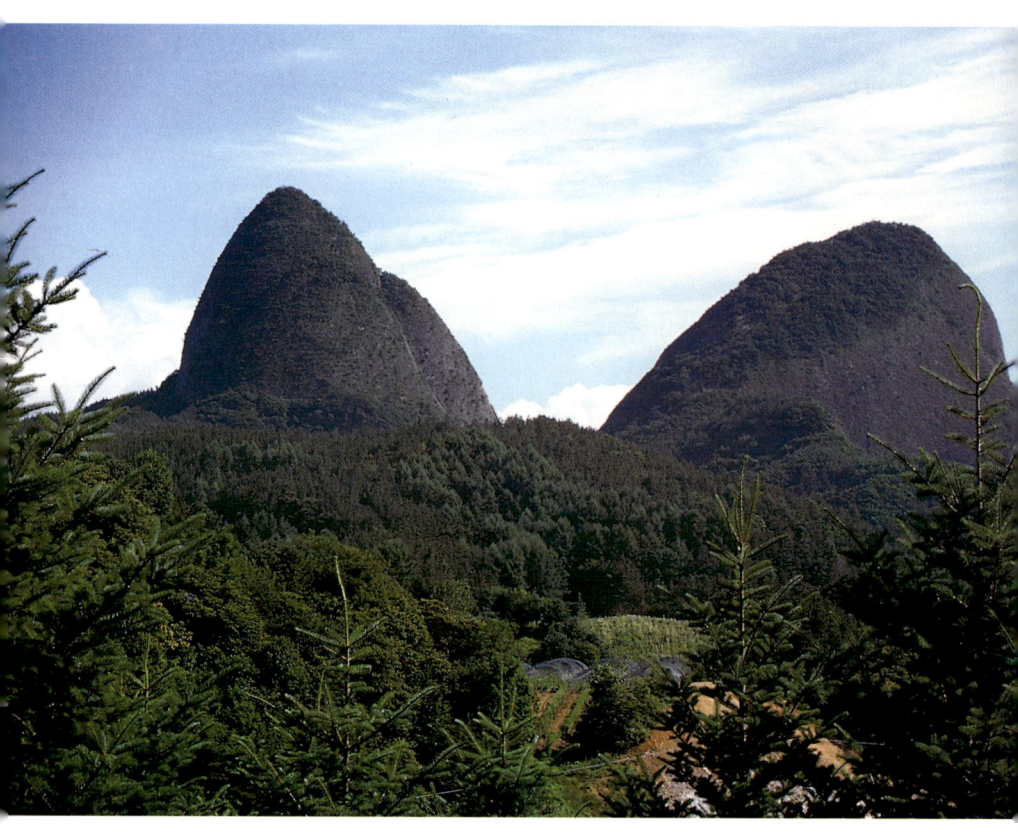

진안의 진산 마이산 말의 귀를 닮은 독특한 모습으로 사람들의 사랑을 받고 있다.

| 찾아가는 길 |

진안에서 동쪽으로든 서쪽으로든, 마이산을 돌아 30번 국도가 지나는 마령면사무소 앞까지 간다. 여기에서 좌회전해 49번 지방도를 타고 5킬로미터쯤 달리면 신리마을 앞 삼거리가 나온다. 우회전해 다시 5킬로미터를 더 가면 냉천이 있는 양화마을이다.

충청도

논산 장군약수 | 충청남도 논산시 연산면 천호리

금남정맥의 정기가 솟아난 약수

논산8경의 하나로 꼽히는 개태사(開太寺)는 왕건이 후백제를 무너뜨린 승리를 기념하기 위해 지은 절이다. 왕건이 사망한 뒤에는 개태사에 왕건의 영전(影殿)을 설치하고 기일마다 제사를 지냈으며, 경내에는 그의 옷 한 벌과 옥대를 보관하였다. 그러나 고려 말 세 차례에 걸친 왜구의 침입으로 절은 폐허가 되고 말았다. 석조본존불은 끊어진 채 도랑에 묻혀 버리고 협시보살상도 목이 떨어진 채 묻혀 있었다. 1930년대에 5층석탑과 매몰되었던 석불을 찾아 절을 세우고 도광사라 하다가, 이후 개태사란 이름을 되찾았다. 원래 개태사 절터는 지금 위치의 동북쪽에 있었다고 한다.

개태사에서 얼마 떨어지지 않은 곳에는 용화사라는 작은 암자가 있다. 장군약수는 이 암자 뒤쪽 바위에서 흘러 나오는 샘물이다. 조선시대 한 장수가 이 물을 마신 뒤, 바로 위에 있는 집채만한 바위를 들어 올렸다는 전설이 서려 있기도 하다.

바위 틈에서 흘러 나오는 장군약수는 무속적인 기운이 넘쳐 난다. 맑은 샘물이 수천 년 동안 흘러내리면서 바위 바닥에 자그마한 홈을 3개 만들어 놓았는데, 돌아 흐르는 샘물이 너무 자연스러워 입맛을 절로 다시게 된다. 좁다란 계곡의 분위기와 어울려서인지 물맛도 그윽한 맛이 있다. 전설처럼 바위를 들 만한 힘이 생기지는 않아도, 영험한 기운이 몸 속으로 들어오는 느낌은 충분히 느낄 수 있다.

장군약수는 무좀이나 옻 같은 피부병을 치료한다는 소문이 나서, 대전이

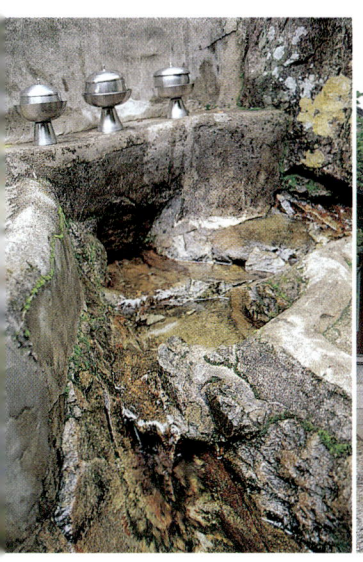
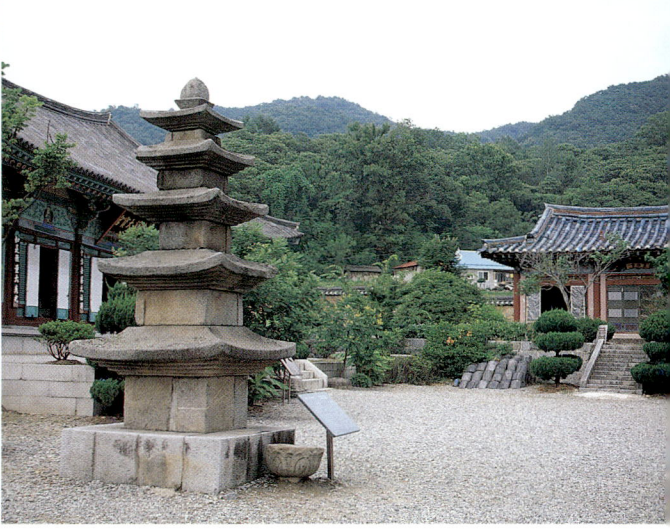

장군약수 옛날 어느 장수가 이 물을 마시고 집채만한 바위를 들어 올렸다는 전설이 서려 있는 신비의 약수이다.(왼쪽)
개태사 논산8경의 하나인 개태사는 왕건이 후백제를 정벌한 기념으로 창건한 절집이다.(오른쪽)

나 논산 사람들이 많이 찾아 들었다. 그래서 일제 때까지만 해도 이 샘물을 관리하던 사람이 수객들에게 돈을 받았다고 한다. 물론 지금은 돈을 받지 않지만 요즘도 이곳 물맛이 좋다는 소문을 들은 사람들의 발길이 끊임없이 이어지고 있다.

장군약수를 지키고 있는 용화사는 절이라기보다는 작은 암자라 할 수 있다. 이곳에는 원래 개태사에 있던 석탑 공양상이 모셔져 있다.

| 찾아가는 길 |
호남고속도로 서대전인터체인지에서 빠져 나와, 4번 국도를 타고 논산 방향으로 13킬로미터쯤 가면 왼쪽으로 개태사가 보인다. 개태사 앞 도로에서 북쪽 대전 방향으로 100미터쯤 올라가면 장군약수를 알리는 표석이 있다. 좁은 길을 따라 다시 100미터쯤 오르면 장군약수를 품고 있는 용화사가 나온다.

부여 고란사약수 | 충청남도 부여군 부여읍 쌍북리

삼천궁녀의 눈물이 맺혀 흐르는 석간수

백제, 그 비운의 역사를 간직하고 흐르는 백마강에는 17만 나당연합군의 7주야에 걸친 약탈과 방화로 '집들은 부서지고 시체가 풀 우거진 듯하였다'는, 마지막 여름날의 풍경이 서려 있다. 나당연합군이 밀려들자 삼천궁녀가 백마강으로 몸을 던졌다는 낙화암은, 그때 쓰러져 간 수많은 '싸울아비'와 여인들의 피가 흘렀던 참담한 광경의 상징으로 남아 있다.

낙화암 아래 절벽을 에돌아 내려서면 궁녀들이 몸을 던지기 전 최후의 명복을 빌었을 고란사가 있다. 이 법당의 뒤란으로 돌아가면 고란초 다소곳이 피어 있는 절벽 아래, 궁녀들의 눈물인 듯한 고란사약수(고란수)가 있다.

고란사약수는 백제의 왕이 마시던 샘물이다. 궁녀들은 이 샘물을 왕에게 바칠 때 고란초 이파리를 두어 개 띄워 바쳤다고 한다. 고란사약수임을 알리기 위해서였다고 하는데, 매우 운치 있는 음용법이 아닐 수 없다. 하여 고란샘을 '어정'이라 불렀고 이 샘물을 '어용수'라고도 했다. 지금은 벼랑에 핀 고란초가 한 포기뿐이라 보기에도 안쓰럽지만, 당시에는 샘물 주변에 고란초가 많이 자랐을 것으로 추측할 수 있다.

전해 오는 이야기에 따르면 원효대사가 백마강 하류에서 강물을 마시다가, 그 물맛을 보고 상류에 진란(眞蘭)과 고란(皐蘭)이 있음을 알았다고 한다. 대사는 그 물맛을 따라 이곳까지 거슬러 올라왔다고도 한다.

고란사약수는 위장병에 특히 좋다고 알려져 있다. 부여를 찾은 답사객이라면 누구나 낙화암에 들르게 마련인데, 그들은 낙화암 아래의 고란사로 내

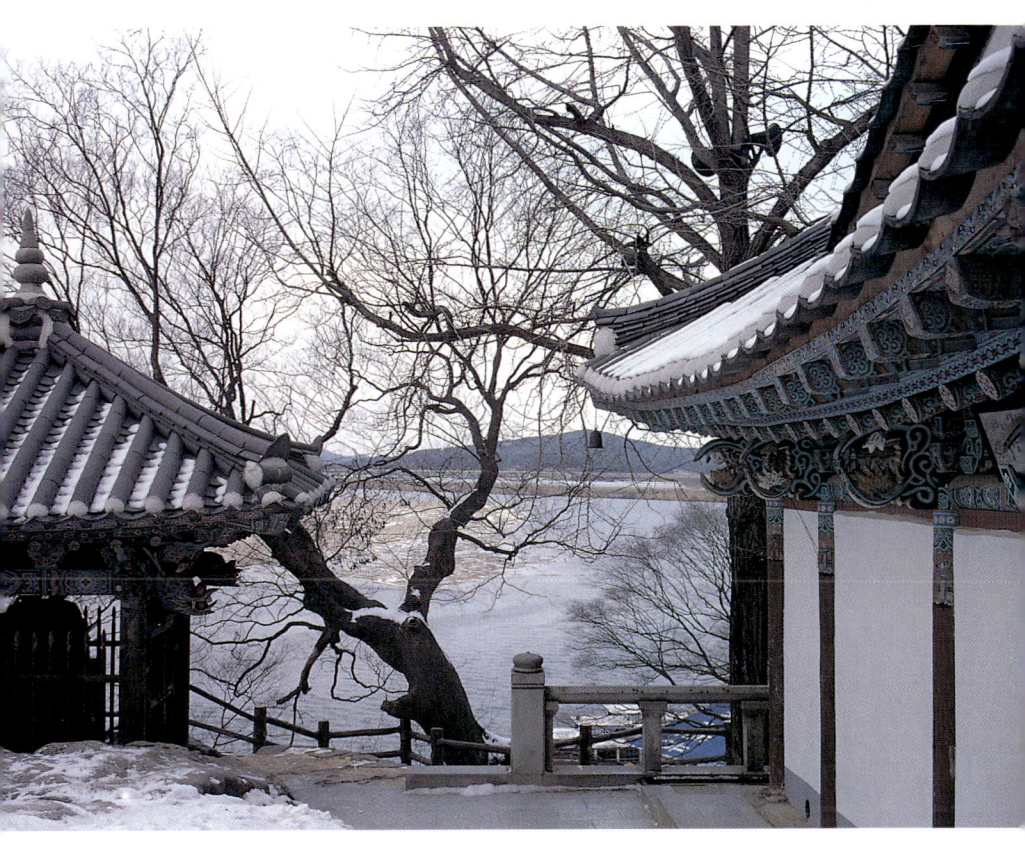

고란사 백제의 멸망과 함께 소실되었던 것을 고려 현종이 삼천궁녀의 넋을 위로하기 위해 지었다
고 한다.

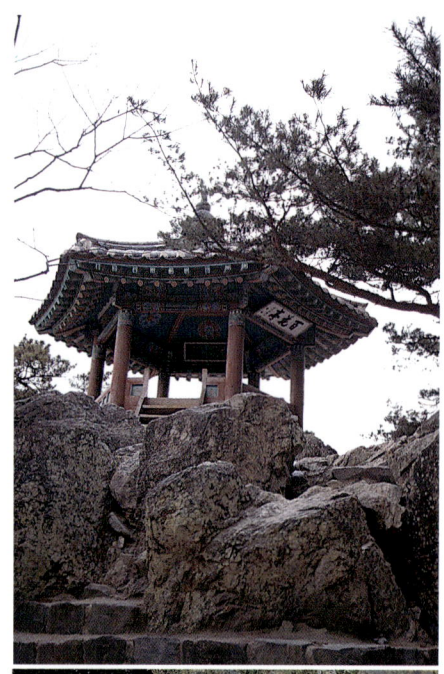

려와서 삼천궁녀의 눈물이라 할 수 있는 고란사약수를 들이킨다. 물맛은 1300여 년이 지난 지금도 변함이 없고, 백마강은 예나 지금이나 말없이 흐르고 있다.

고란사에 대한 자세한 창건 기록은 남아 있지 않다. 백제 때 왕의 정자였다는 설과 백제 왕실의 내불당으로서 비빈들의 기도처였다는 설이 있다. 여하튼 이 절은 백제의 멸망과 함께 소실되었던 것을 고려 현종이 삼천궁녀의 넋을 위로하기 위해 1028년에 지었다고 한다.

| 찾아가는 길 |

부여 부소산성 안에 있는 낙화암에서 아래쪽으로 가파른 산길을 돌아 내려가면 고란사가 있고, 그 뒤란 바위 벽 아래에 고란사약수가 있다.

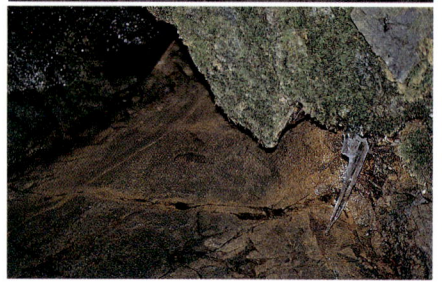

낙화암 백제의 멸망과 함께 삼천궁녀가 몸을 던졌다는 일화 때문에 숙연함이 느껴지는 곳이다.(위)
고란사약수 백제 왕들이 고란초를 띄워 마셨던 샘물로 왕이 마셨다고 해서 어정이라고도 한다.(아래)

부여 무량사 샘물 | 충청남도 부여군 외산면 만수리

생육신 김시습의 매운 정신이 서려 있는 샘물

금북정맥 일월산에서 하나의 맥이 남으로 내려와 보령과 부여 사이에 빚은 만수산. 높이는 432미터로 나지막하지만, 언저리에 있는 무량사와 어울려 꽤 깊은 맛을 풍긴다. 무량사는 매운 아웃사이더 정신으로 한 세상을 풍미했던 매월당 김시습이 마지막으로 육신을 눕힌 곳이기도 하다.

세조의 왕위 찬탈에 비분 강개하여 읽던 책을 다 불태운 김시습이 무량사로 들어온 것은 기호, 영동, 영남 지방을 두루 돌아다니다가 기력이 쇠잔해진 말년이었다. 나라 땅 풍광 좋은 곳 다 놔두고 왜 하필이면 부여에서도 깡촌인 외산의 무량사를 택했을까. 차를 즐겨 마시던 김시습이 이곳에 차맛을 제대로 낼 수 있는 좋은 샘물이 있다는 것을 알고 있었기 때문일지도 모른다. 경주 용장사에 머물 때에는 수천 그루의 화초를 기르면서 직접 차나무를 심고 시를 지을 정도로 차를 좋아하던 그가 아니던가.

다음은 「차나무를 기르며(養茶)」라는 김시습의 시이다.

> 해마다 차나무 가지에서 새로운 가지 자라는데
> 그늘에 키우노라 울을 엮어 보호하여
> 육우의 다경에는 색과 맛을 논했는데
> 관가에서는 창기만을 취한다네
> 봄바람 불기 전에 싹이 먼저 피고
> 우절 돌아오면 잎이 반쯤 피어나네

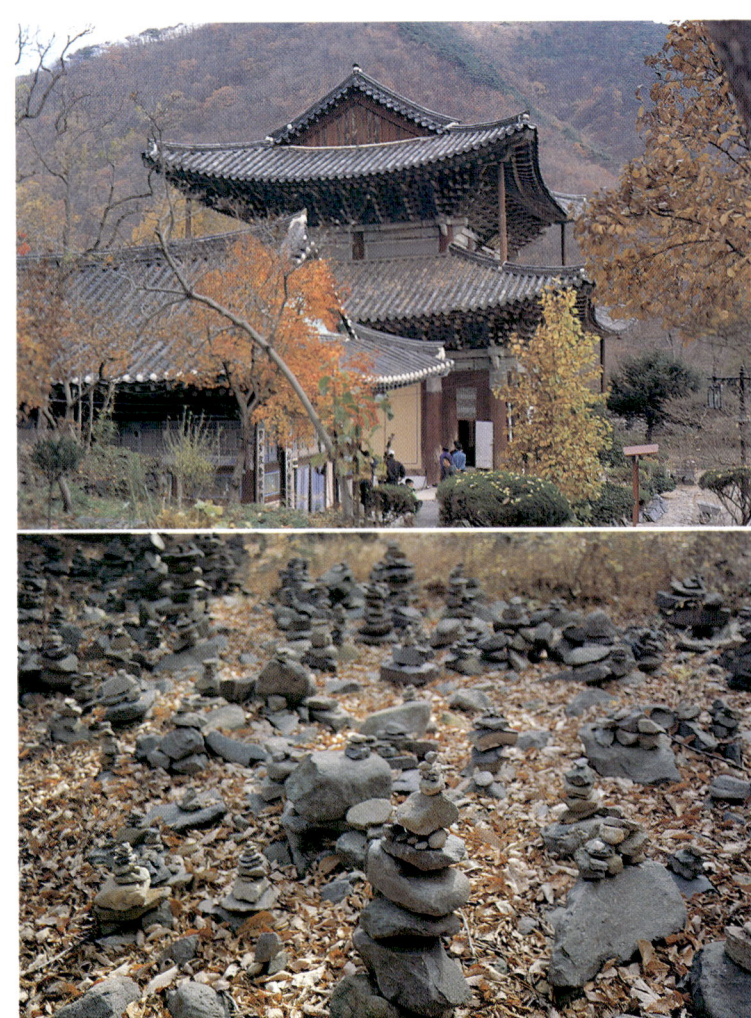

만수산 무량사 매월당 김시습이 마지막으로 몸을 눕힌 곳이다. 신라시대 범일국사가 창건했다고 전하나 절집의 방향, 위치, 와당, 석조 유물 등으로 보아 고려 초기에 창건된 것으로 추정하고 있다.(위)
무량사 돌탑(아래)

조용하고 따뜻한 작은 동산을 좋아하니
비에 옥 같은 꽃 드리워도 무방하리니

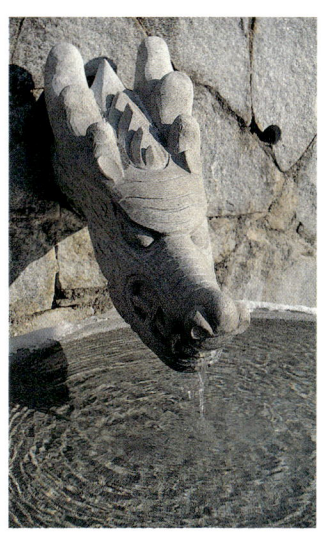

무량사 샘물 차를 사랑했던 김시습이 말년에 무량사에 머물면서 차를 달일 때 썼을 샘물로, 꽤 깊은 맛을 풍긴다.

무량사 극락전 앞뜰 한켠에는 맑은 물이 솟는 샘이 있다. 조각해 놓은 용머리의 입에서 물이 흘러 나오는데, 물맛이 맑다. 본당 위쪽 태조암의 물맛도 좋다.

무량사에 들어온 김시습은 얼마 뒤인 1493년, 59세의 일기로 세상을 떠나고 만다. 그는 죽으면서 유해를 절 옆에 묻어 달라고 유언했고, 3년 뒤 무량사 스님들이 가매장한 시신을 파 보았더니 얼굴이 마치 살아 있는 사람 같았다고 한다. 이를 본 스님들은 매월당이 부처가 되었다고 놀라면서 화장하여 부도를 세웠다. 부도는 무량사 일주문 개울 건너에 있는 무진암 근처 부도밭에 있다.

또 조선 인조 때는 술 잘 마시기로 유명한 진묵선사가 여기에 머물렀다. 그는 무량수불 점안을 하고, 만수산에서 나는 나무 열매와 물로 술을 빚어 마시면서 기이한 행각과 거리낌없는 시심을 펼쳤다. 천하의 야승 진묵선사가 술맛을 가렸는지는 잘 모르겠지만, 술맛 역시 물맛에서 나오는 법. 그도 김시습과 같이 만수산 무량사를 적시는 헤아릴 수 없이 깊은 물맛에 반해 여기에 머물렀던 것인가?

| 찾아가는 길 |

부여에서 4번 국도를 따라 서쪽으로 10킬로미터쯤 가면 구룡면 태양리삼거리. 40번 국도를 따라 보령 쪽으로 우회전해 14킬로미터쯤 가면 외산면 만수리삼거리이다. 여기에서 만수산 계곡을 따라 약 2킬로미터 들어가면 무량사가 나온다.

단양 기촌약수와 냉천 | 충청북도 단양군 단양읍 기촌리

남한강변 최고의 경치, 단양8경에서 솟는 샘물

물빛과 산빛 아름다운 충주호 언저리에 자리한 단양은 남한강과 석회암이 빚은 빼어난 경관으로 널리 알려진 땅이다. 그 땅이 자랑하는 8가지 경치는 관동8경과 더불어 나라 안에서 아름다움을 인정받고 있다.

단양8경의 1경은 맑고 푸른 남한강 가운데 떠 있는 3개의 봉우리인 도담삼봉이다. 8경의 으뜸답게 경관이 빼어나고 얽힌 얘기도 많다.

원래 삼봉은 강원도 정선에 있던 것인데, 어느 해 장마 때 이곳까지 떠내려 왔다. 그후, 단양에서는 매년 정선에 세금을 내고 있었는데 정도전 소년이 "우리가 삼봉을 정선에서 떠내려 오라 한 것도 아니고, 오히려 물길을 막아 피해를 보고 있다. 아무 소용도 없는 봉우리에 세금을 낼 필요가 없으니 필요하면 도로 가져 가라"고 한 뒤부터 세금을 내지 않았다고 한다. 정선에 그대로 있었다면 단양8경의 핵이 빠져 참 허전할 뻔했다.

이 외에도 동양 최대의 자연 무지개 돌문이라는 석문이 2경이고, 거북을 닮았다는 구담봉은 3경, 희고 푸른 바위가 비 온 뒤의 죽순 같다는 옥순봉은 4경이다. 또 5·6·7경은 하·중·상선암으로, 월악산 자락에서 남한강으로 흘러드는 단양천을 거슬러 올라가며 서 있다. 마지막 8경인 사인암은 단양8경 중에서도 맑은 계류와 깎아지른 바위, 그리고 푸른 소나무가 절묘한 조화를 이뤄 다시금 찬탄을 자아내게 하는 경관을 자랑한다.

이렇게 볼거리 즐비한 단양에 자랑으로 삼는 2개의 샘물이 있는데, 바로 기촌약수와 냉천이다. 소백산으로 가는 금곡천에 놓인 징검다리를 건너가면

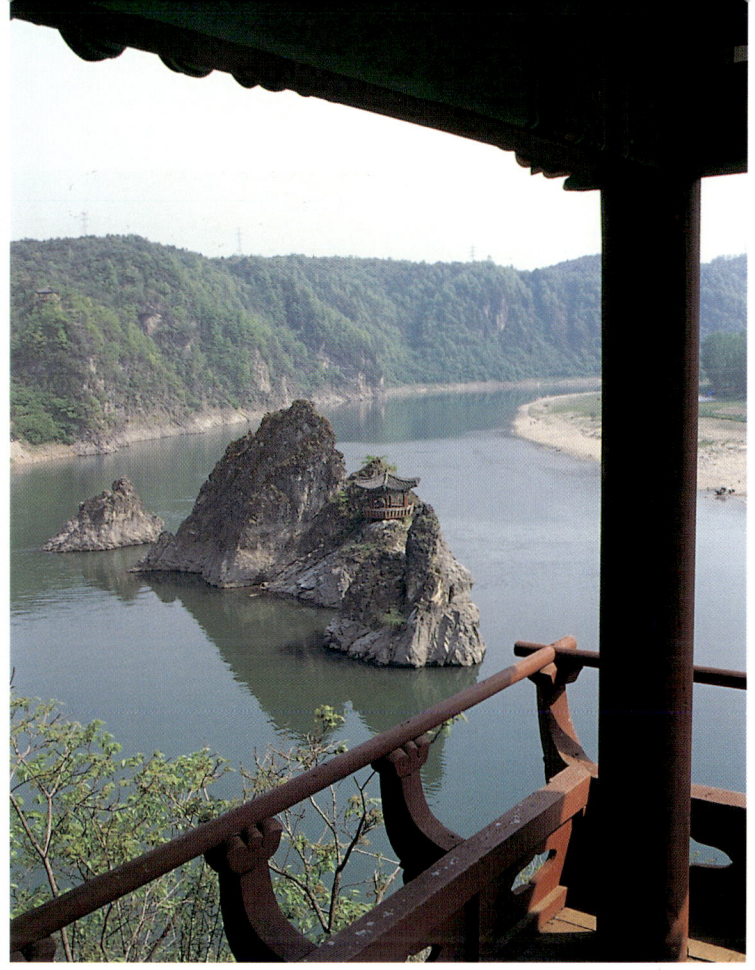

도담삼봉 단양8경 중에서도 으뜸으로 손꼽히는 제1명소이다.

철쭉꽃 무리 속에 흘러내리는 기촌약수를 볼 수 있다. 샘 앞 화단을 예쁘게 꾸며 놓이 물맛을 돋운다. 소백산을 들고 나는 등산객들과 단양8경을 둘러본 관광객들이 들러서 물을 길어 간다. 2개의 물구멍에서 샘물이 흘러 나오는데 수량은 비교적 풍부한 편이다.

단성면 단양천으로 흘러드는 냉천은 역사도 오래되고, 이름 그대로 한여름에도 손을 담그기 어려울 정도로 차가워 단양 사람들의 사랑을 받아 왔

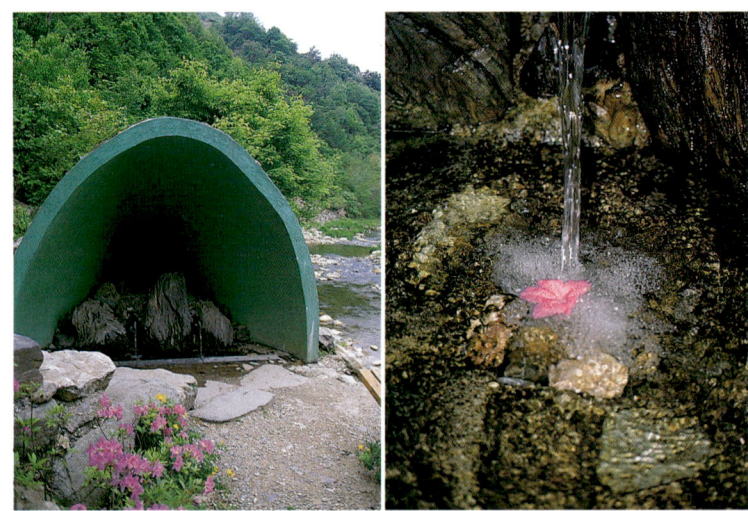

기촌약수 샘터를 단장해 놓은 손길에서 기촌약수를 아끼는 마음을 읽을 수 있다.(왼쪽)
냉천 물맛은 좋지만 공사로 인해 샘터의 운치는 잃고 말았다.(오른쪽)

다. 길가에 '냉천(冷泉)'이라고 새겨진 표지석에서 샘을 사랑하는 단양 사람들의 자부심이 느껴진다. 하지만 그 표지석을 보고 물을 마시러 단양천가로 내려간 수객은 실망할 수밖에 없다. 도로 확·포장 공사를 하면서 물길을 길 아래로 뽑아 놓은 것까지는 좋은데, 석간수였던 냉천의 모습은 온데간데없고, 큰 PVC 파이프에서 물이 콸콸 쏟아지는 것이다. 물은 차갑고 맛도 좋지만 샘 분위기로만 본다면 하급이다. 다만 샘물을 받아들이는 단양천이 너무 아름답고 깨끗해, 이런 아쉬움을 보완해 준다.

| 찾아가는 길 |
기촌약수는 단양읍에서 고수대교를 건너 소백산 천동계곡 방향으로 3킬로미터쯤 간 곳에 있다. 삼학가든 앞에 차를 세워 놓고 금곡천에 놓인 징검다리를 건너면 약수가 있다. 냉천은 단양8경의 하나인 하선암에서 1킬로미터쯤 떨어진 곳에 있다.

진천 연보정과 연곡약수 |

삼국통일의 영웅 김유신이 마시고 자란 샘물

금북정맥이 군 전체를 크게 감싸 돌고 백곡천·미호천·군자천이 기름진 옥토를 빚은 땅 진천은 기후도 온화하고 자연 재해도 적어 산물이 풍성한 고을이다. 산세는 얄망얄망해 어디 크게 내세울 만한 절경은 없지만 '인심은 곳간에서 난다'는 말처럼 살림살이는 넉넉해 예부터 '살아서 머물 만한 고을'이라는 뜻으로 '생거진천(生居鎭川)'이라 불렸다.

이런 진천에는 김유신 장군과 관계된 전설과 유적이 유난히 많다. 김유신 장군이 태어난 곳이기 때문이다. 읍내 벽암리에는 김유신 장군의 영정과 위패를 모신 길상사 흥무전(지방기념물 제1호)이 있어, 사시사철 아늑한 풍광으로 사람들을 끌어 모으고 있다. 또 읍내 상계리 성암천 옆 '담안밭'에는 김유신 장군 생가 터가 있다. 생가 터 뒤쪽에 솟은 태령산은 김유신 장군의 태를 묻은 곳이고, 바로 그 중턱에 장군 댁에서 식수로 사용했다는 연보정 (蓮寶井)이 있다.

1999년 여름엔 안내 팻말도 없어 샘물을 찾기가 쉽지 않았다. 돌로 잘 쌓은 우물은 오랜 세월을 견뎌 온 힘을 느끼게 했지만, 관리가 제대로 되지 않아 샘 안에는 지저분한 낙엽괴 물풀이 지리고 올챙이와 개구리들이 살고 있어, 옛 영웅의 사연이 깃든 샘물을 찾은 수객들을 실망시켰다. 다행히 연보정 위쪽에 오염원이 없으니 물을 퍼내고 청소만 하면, 삼국통일의 위업을 달성한 영웅 김유신 장군에게 지략을 키워 준 샘물을 곧 마실 수 있을 것 같다.

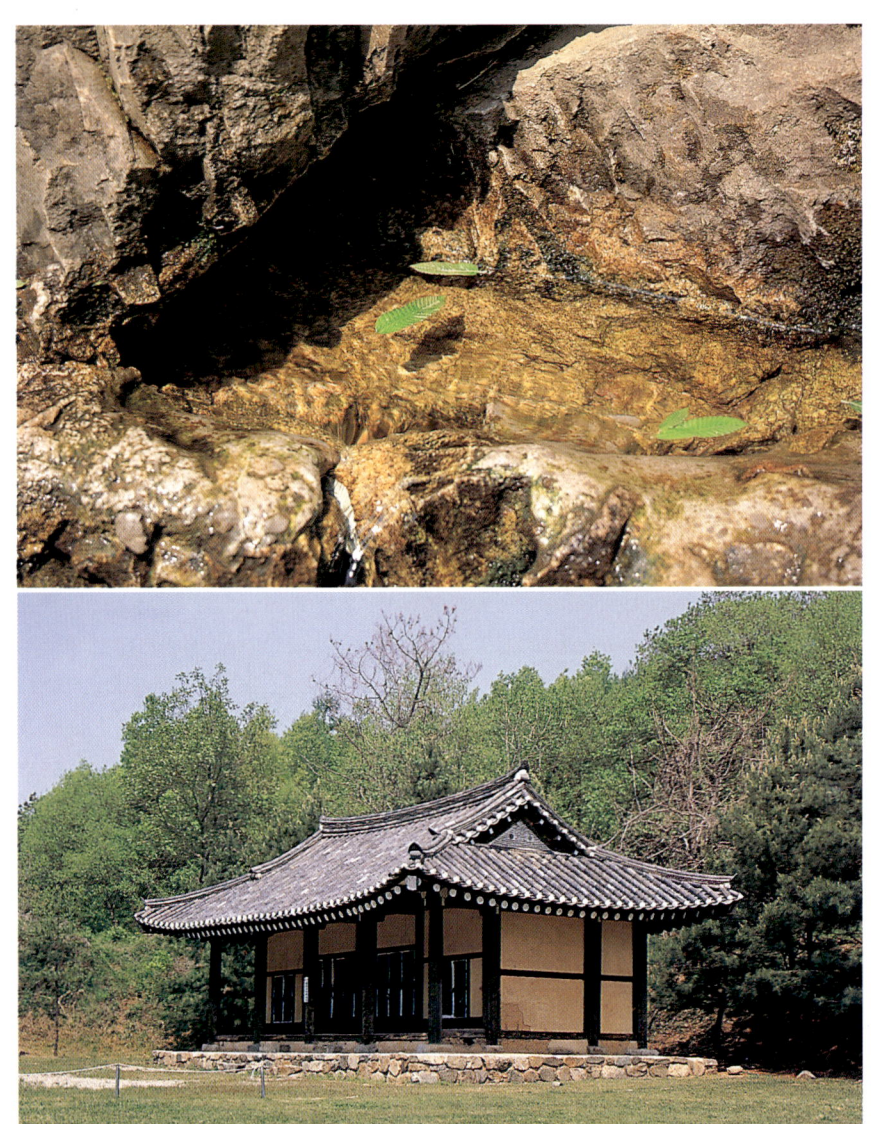

연곡약수 김유신 장군 생가 터에서 2킬로미터쯤 떨어진 곳에 있는 연곡약수는 마시기 아까울 정도로 맑다.(위)
김유신 장군 생가 터(아래)

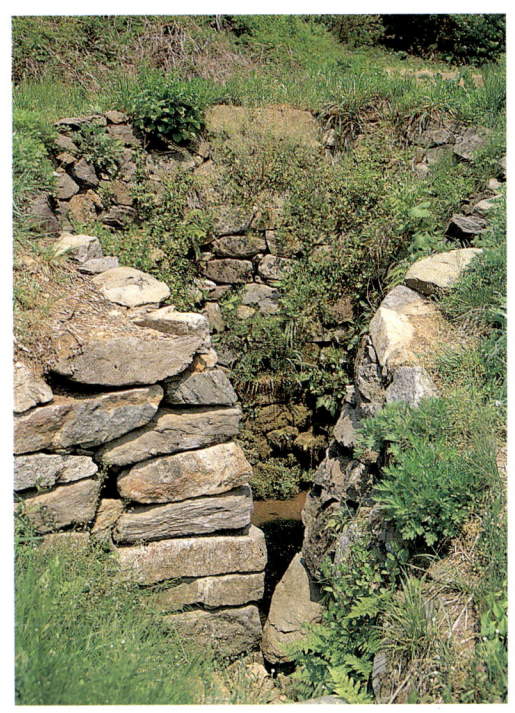

연보정 김유신 장군이 마시던 샘물
이지만 관리가 제대로 되지 않아 아
쉬움을 남긴다.

생가 터에서 성암천을 2킬로미터쯤 거슬러 올라간 곳에 있는 연곡약수는
연보정에서 느낀 아쉬움을 깨끗이 씻어 주는 샘물이다. 바위 틈에서 신기하
게 흘러 나와, 떠먹기 좋을 만한 바위 홈에 고여 있다가 흘러내리는 샘물은
마시기 아까울 정도로 맑다. 또 바로 앞에 있는 자그마한 저수지와 어울려
분위기 또한 좋다. 사람들은 김유신이 마셨다는 연보정은 몰라도 이 연곡약
수는 대부분 알고 있을 정도이다.

| 찾아가는 길 |

진천읍사무소 앞에서 청주 방향의 17번 국도를 타고 5킬로미터 가면 21번 국도와 갈리는 삼거리가 나온다.
여기에서 오른쪽 21번 국도를 타고 2킬로미터 가면 오른쪽으로 김유신 장군 탄생지로 들어가는 길이 있다.
그 길을 따라 2킬로미터 가면 활터가 있고, 그 위쪽에 있는 다랑논 가운데에 연보정이 있다. 생가 터에서 길
을 따라 2킬로미터 더 가면 오른쪽 길가에 연곡약수가 있다.

충주 탄금대약수 |

우륵의 가락과 신립 장군의 한이 서려 있는 샘물

남한강과 달천이 합류하는 지점에 있는 탄금대는 경관이 수려하면서 충주 역사의 한가운데 있었던 유서 깊은 유적지라 충주 사람들이 사랑해 마지않는 고적지(古蹟地)이다.

신라에 귀화한 가야의 악성 우륵은 충주에 머물면서 고향이 그리울 때나 적적할 때면 이곳 탄금대 바위에서 가야금을 타며 마음을 달랬다. 이 부근에서 널리 불리는 '탄금대 방아타령'에도 우륵과 그의 부인에 얽힌 얘기가 전하고 있다. 또 탄금대는 임진왜란이 일어나던 해인 1592년, 신립 장군이 8000여 명의 군사들과 배수진을 치고 왜적을 맞아 싸웠지만 중과부적으로 패전한 곳이기도 하다.

탄금대약수는 우륵이 가야금을 타다가 목을 축였고, 임진왜란 때 병사들의 갈증을 달래 주던 맑은 석간수이다. 옻샘이라고도 불리는 탄금대약수는 물맛은 정갈하지만 수량이 많지 않다. 적은 양의 약수가 항상 일정하게 흐르는 것이다. 그래도 탄금대약수를 사랑하는 충주 시민들은 '충청도 사람들' 답게 한참을 느긋하게 기다렸다가 샘물을 받아 가고 있다.

사실 충주의 물맛은 예전부터 유명했고, 오늘날 충주 시민들이 상수원으로 쓰고 있는 달천은 '조선 제일의 물맛'으로 소문이 나 있었다. 여말선초 때 수레에 술통을 싣고 온 나라를 돌아다녀 기우자(騎牛子)라는 호를 얻은,

탄금대에서 본 남한강 탄금대는 임진왜란 때 장렬히 전사한 신립 장군의 한이 서린 곳이다.(옆면)

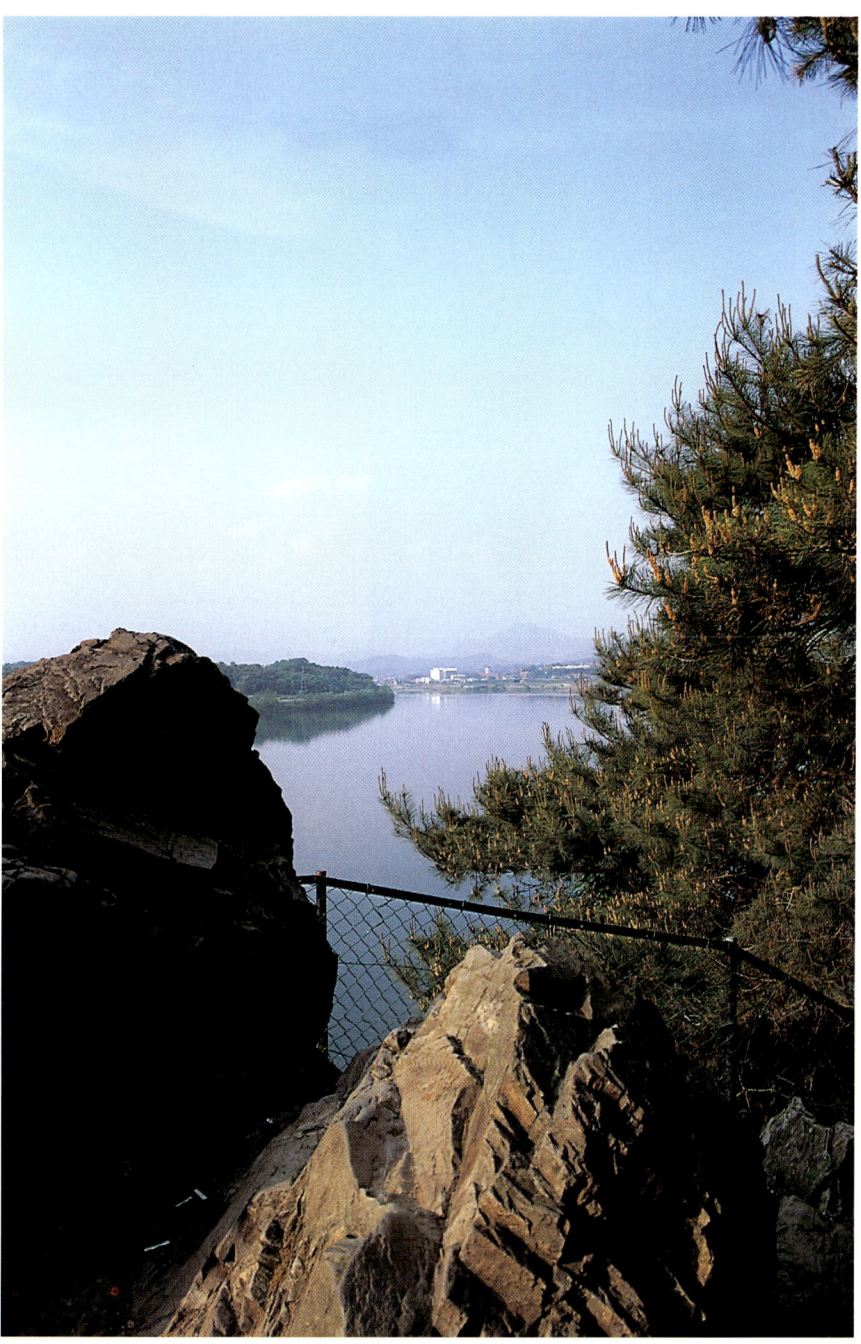

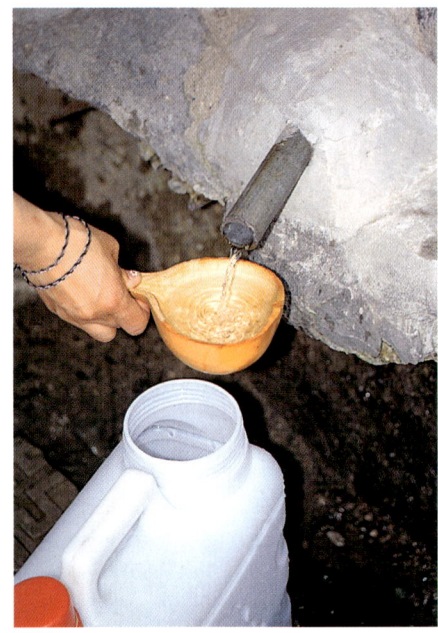

탄금대약수 조선 제일의 물맛이라는
평을 들을 만큼 물 좋은 달천이 흐르
는 충주에서 나는 석간수로 일명 옻샘
이라고도 불린다.

품천(品泉, 물맛을 평가하는 일)의 일인자 이행은 "충주 달천(達川)의 물이
제일이고, 금강산에서 연원하여 한강으로 흐르는 우중수(牛重水)가 두 번째
이며, 속리산 삼타수(三陀水)가 세 번째"라 평하였다. 또 『택리지(擇里志)』
에는 명나라 장수가 달천 물맛을 보고 "명나라에서 유명한 여산의 수렴약수
보다 낫다"고 했다는 기록도 있다.

| 찾아가는 길 |

충주 시내에서 장호원 방향으로 가는 520번 지방도를 타고 3킬로미터쯤 가면 달천과 남한강이 합류하는 곳에
탄금대가 보인다. 탄금대약수는 탄금대 후문 쪽 산 아래 바위 틈에서 흐른다.

샘물 약도

강원도

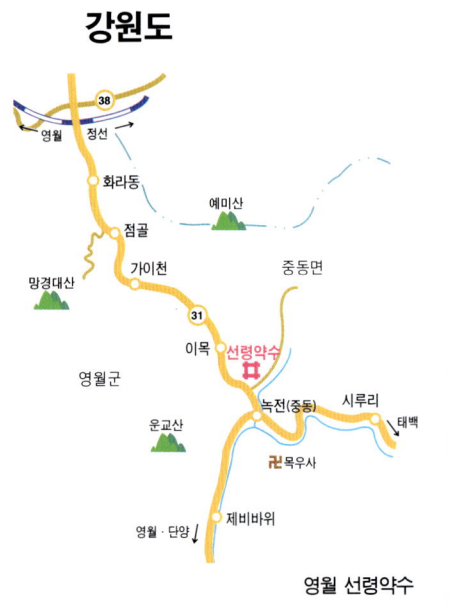

영월 선령약수

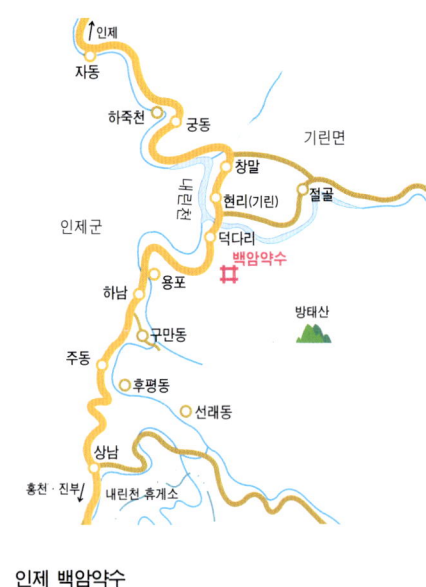

인제 백암약수

철원 삼부연약수

태백 검룡소

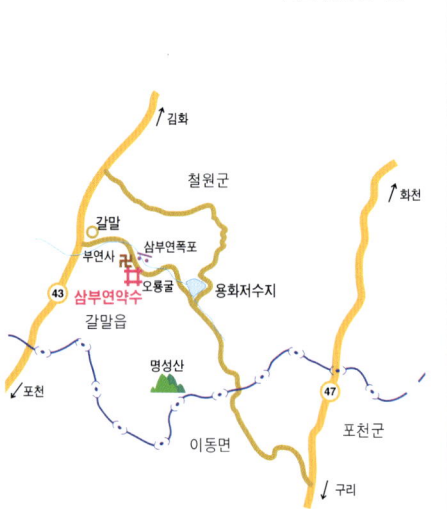

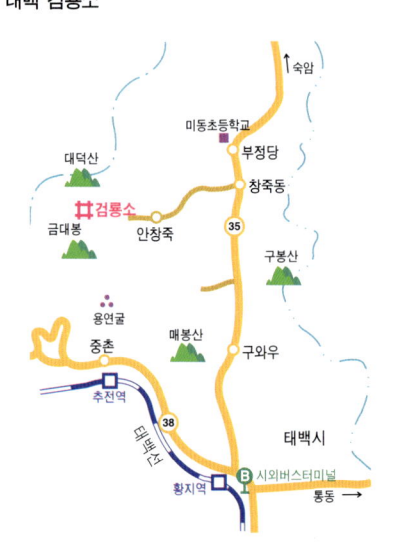

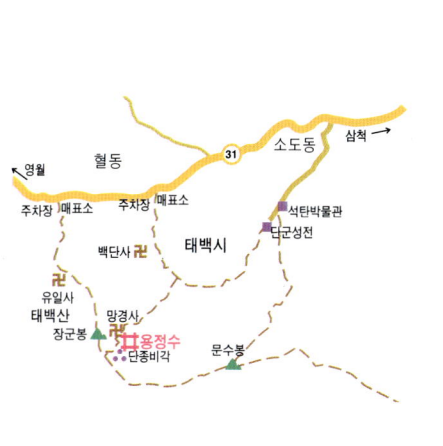

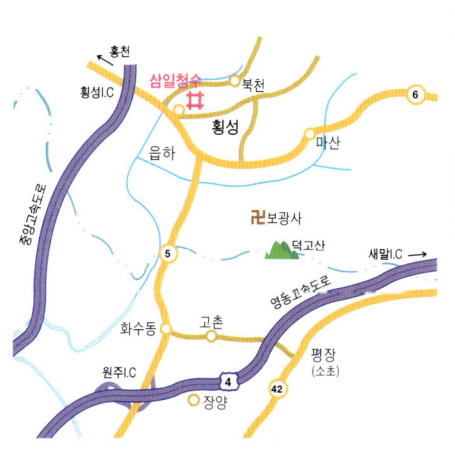

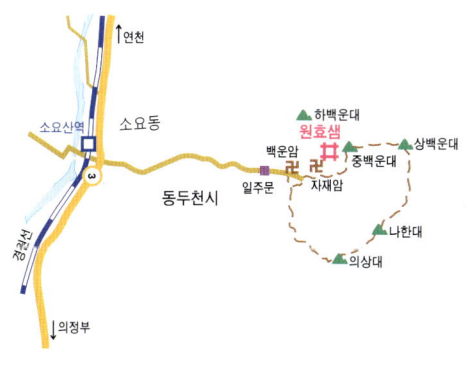

경기도

태백산 용정수   오대산 우통수

횡성 삼일청수   소요산 자재암 원효샘

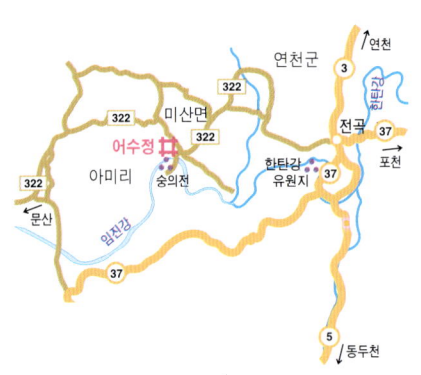

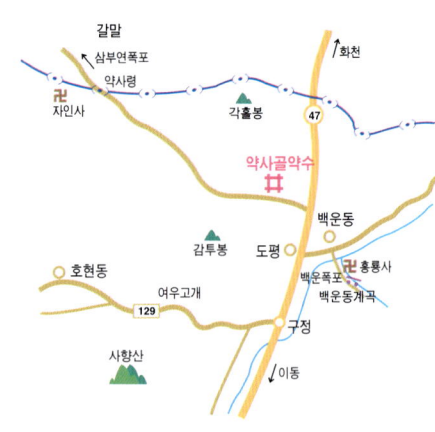

연천 어수정

포천 약사골약수

경상도

삼랑진 만어사 정신수

창녕 함박산약수

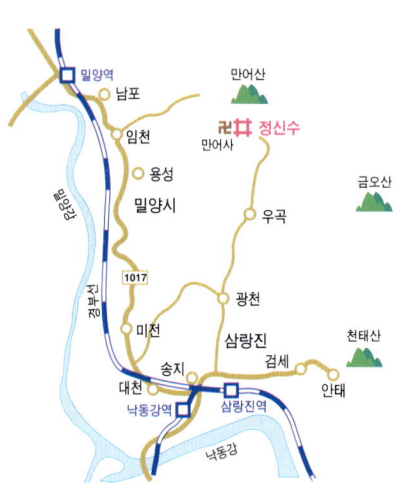

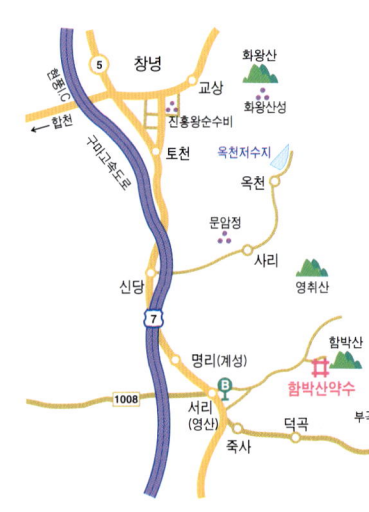

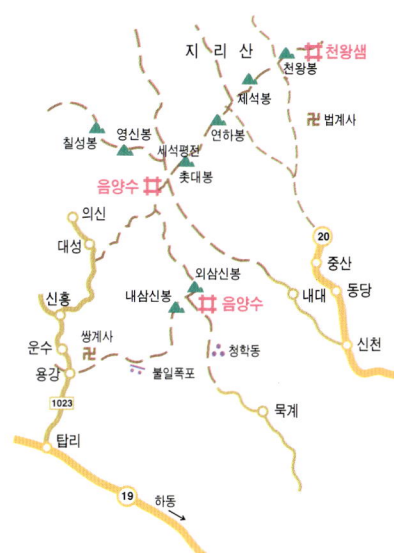

지 리 산

천왕봉 ✜ 천왕샘

제석봉

卍 법계사

영신봉 연하봉

칠성봉 세석평전

음양수 ✜ 촛대봉

의신 20

대성 중산

신흥 내삼신봉 외삼신봉 내대 동당

음양수 ✜

운수 쌍계사

卍 청학동 신천

용강 불일폭포

1023

묵계

탑리

19 하동

지리산 음양수 · 지리산 천왕샘

함양 상림샘

거창

88올림픽고속도로

함양I.C

1084

위천

← 남원 상림

✜ 상림샘

함양군청 함양

위천

← 남원 24 1001

합천 가야산 굴샘

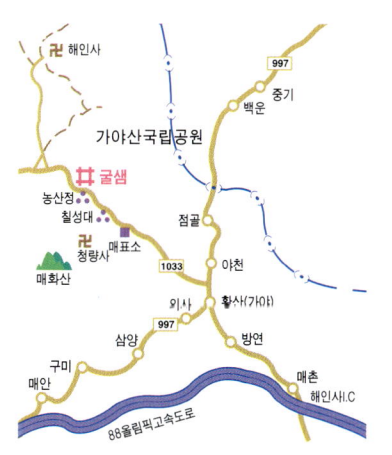

卍 해인사

997 중기

백운

가야산국립공원

✜ 굴샘

농산정 점골

칠성대

卍 매표소

매화산 청량사 야천

1033

외사 황사(가야)

삼양 997

구미 방연

매안 매촌

해인사I.C

88올림픽고속도로

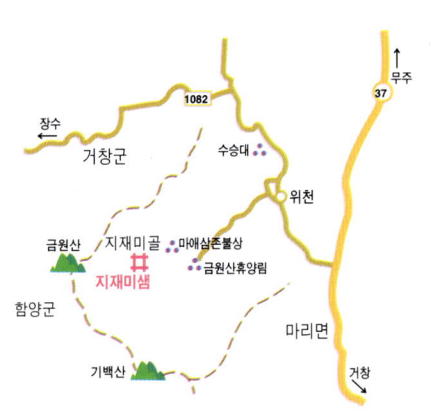

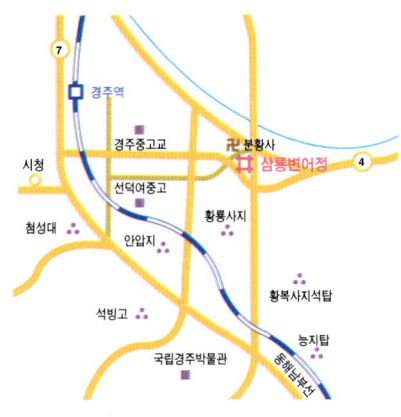

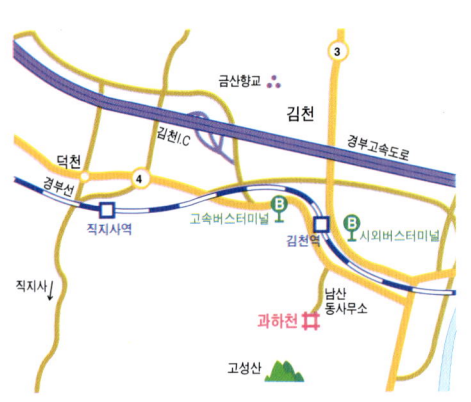

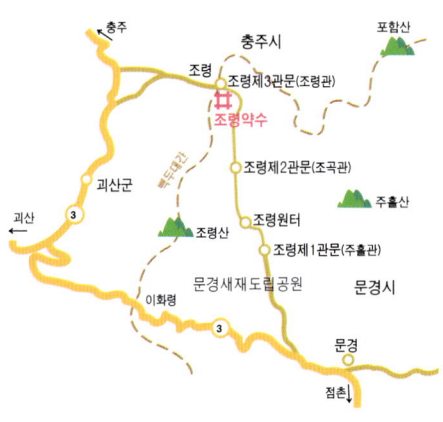

거창 지재미샘

경주 분황사 삼룡변어정

김천 과하천

문경 조령약수

전라도

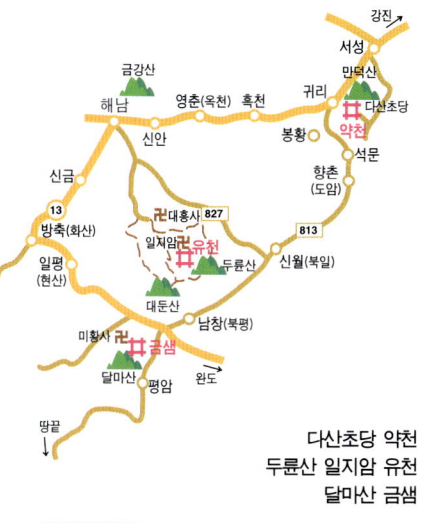

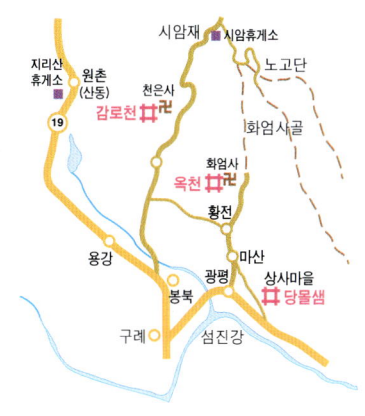

다산초당 약천
두륜산 일지암 유천
달마산 금샘

구례 천은사 감로천
구례 상사마을 당몰샘
구례 화엄사 옥천

순천 낙안읍성 돌샘
승주 선암사약수

영암 성천

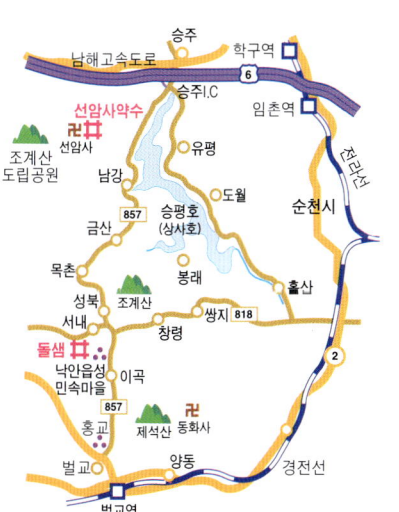

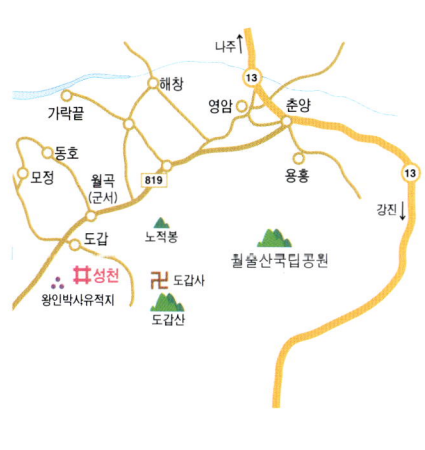

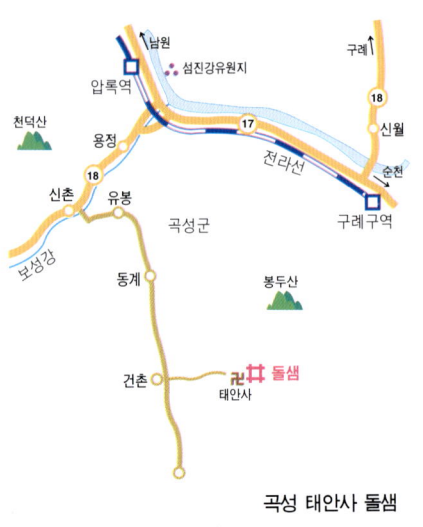

곡성 태안사 돌샘

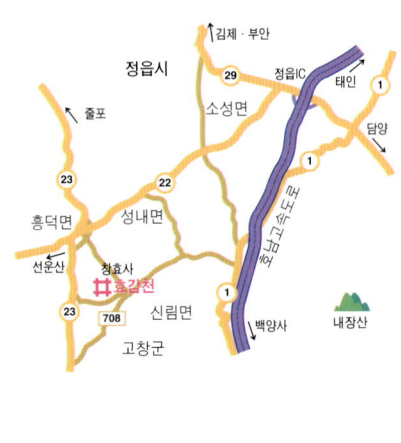

고창 효감천

순창 옥출약수

익산 냉정약수

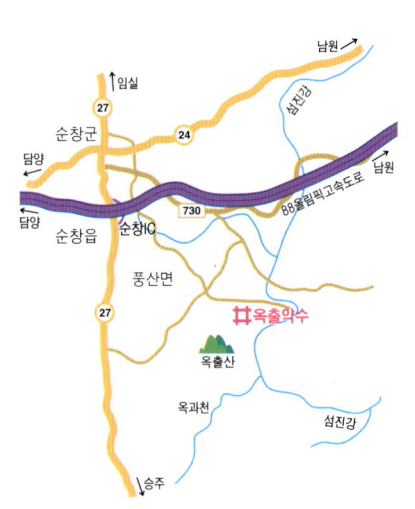

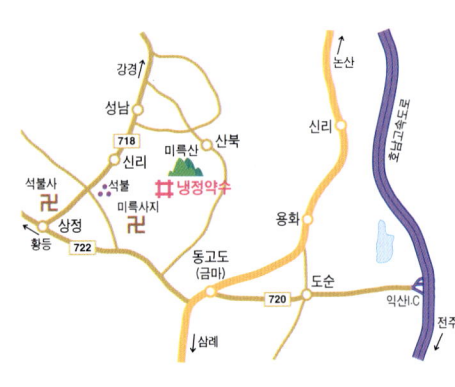

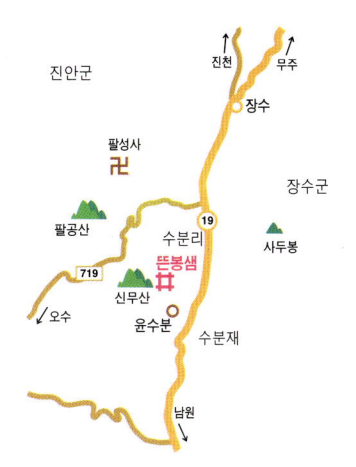

상수 뜬봉샘

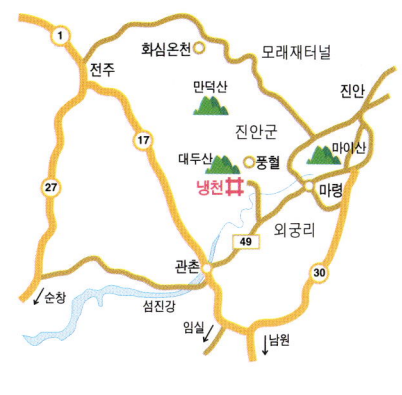

진안 풍혈냉천

충청도

논산 장군약수

부여 고란사약수

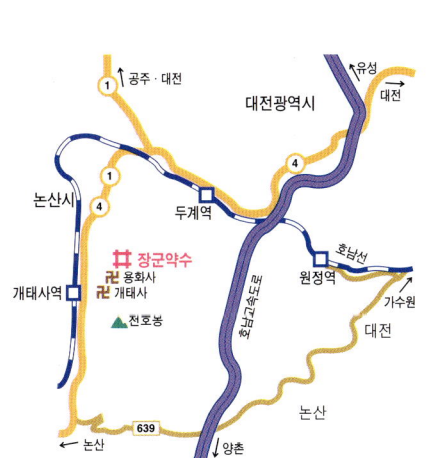

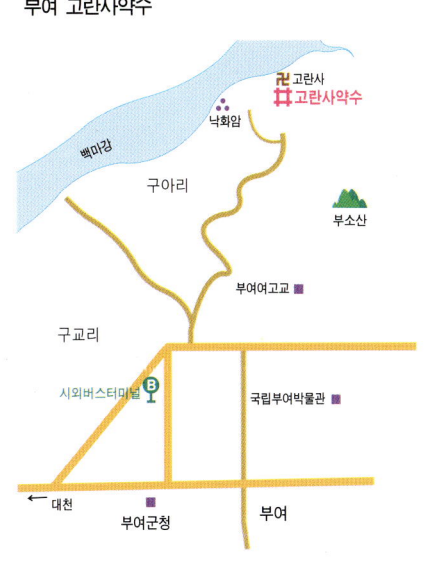

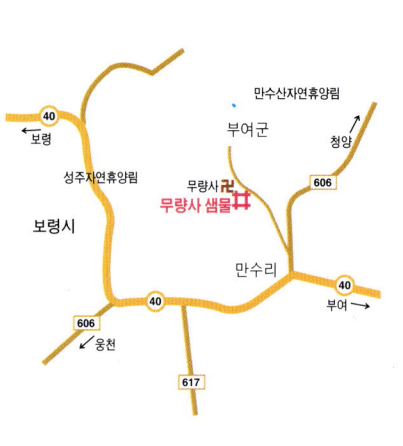

부여 무량사 샘물

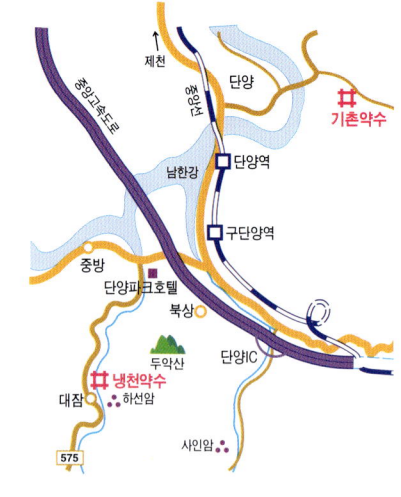

단양 기촌약수와 냉천약수

진천 연보정과 연곡약수

충주 탄금대약수

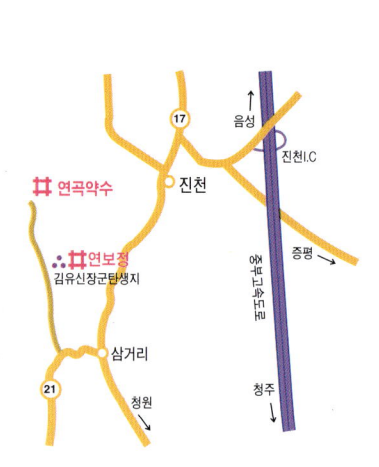

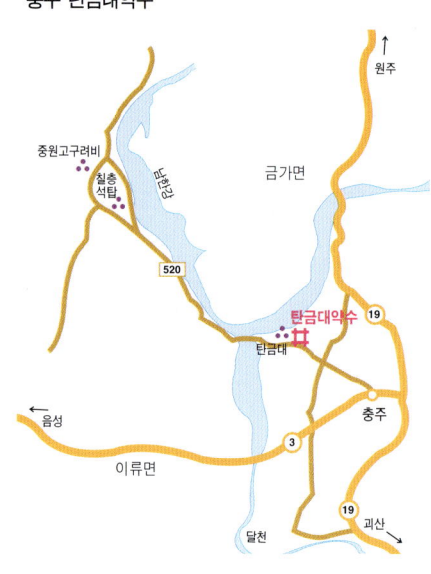

참고 문헌

김대성, 『차문화 유적 답사기』, 불교영상, 1999.

김열규, 『한국 민속과 문학 연구』, 일조각, 1971.

김홍주, 『한국51명산록』, 산악문화, 1996.

김홍규, 『한국 문학의 이해』, 민음사, 1986.

서대석, 『한국 무가의 연구』, 문학사상사, 1980.

이송미, 『한국의 축제』, 성하출판, 1999.

이태교, 『재미있는 물이야기』, 현암사, 1991.

장주근, 『한국의 세시풍속』, 형설출판사, 1984.

정경숙, 『한국 온천과 약수』, 하나의학사, 1989.

최성민, 『우리샘 맛난 물』, 한겨레신문사, 1994.

황원갑, 『역사 인물 기행』, 한국문원, 1998.

『건강 찾는 약수여행』, 살맛난 사람들, 1993.

『물』, 연세대학교환경공해연구소, 1997.

『전국 온천약수 총람』, 한국관광공사, 1985.

『한국민족문화대백과사전』, 한국정신문화연구원, 1991.

『동아세계대백과사전』, 동아출판사, 1989.

월간 『사람과 산』, 산악문화.

월간 『산』, 조신일보사.

전국 각 군지(郡誌).

빛깔있는 책들 301-40

한국의 샘물

글 · 사진	—민병준
회장	—차민도
발행인	—장세우
발행처	—주식회사 대원사
편집	—박상미, 최명지, 김옥자, 김민정
미술	—위명자, 이은경
총무	—이훈, 이규헌, 정광진, 강승찬
영업	—김기태, 문제훈, 강미영, 이광복, 한은영,
이사	—이명훈

첫판 1쇄 —2000년 6월 10일 발행

주식회사 대원사
우편번호/140-190
서울 용산구 후암동 358-17
전화번호/(02) 757-6717~9
팩시밀리/(02) 775-8043
등록번호/제 3-191호
http://www.daewonsa.co.kr

ⓦ 값 13,000원

© Daewonsa Publishing Co., Ltd.
Printed in Korea(2000)

ISBN 89-369-0238-5 04980